治身疗心

[美] 芭贝特·罗思柴尔德 著

曲玉萍 译

创伤治疗的心理生理学

The Psychophysiology of Trauma and Trauma Treatment

The Body Remembers

世界图书出版公司

北京 广州 上海 西安

图书在版编目（CIP）数据

治身疗心：创伤治疗的心理生理学 /（美）芭贝特·罗思柴尔德著；曲玉萍译.—
北京：世界图书出版有限公司北京分公司，2023.9
ISBN 978-7-5232-0387-3

I. ①治… II. ①芭… ②曲… III. ①生理心理学 IV.①B845

中国版本图书馆CIP数据核字（2023）第072914号

The Body Remembers: The Psychophysiology of Trauma and Trauma Treatment By
Babette Rothschild

书　　　名　治身疗心：创伤治疗的心理生理学
　　　　　　ZHISHEN LIAOXIN
著　　　者　[美]芭贝特·罗思柴尔德
译　　　者　曲玉萍
责任编辑　詹燕徽　余守斌
特约编辑　商亦聪　赵昕培
特约策划　巴别塔文化

出版发行　世界图书出版有限公司北京分公司
地　　址　北京市东城区朝内大街137号
邮　　编　100010
电　　话　010-64038355（发行）　64033507（总编室）
网　　址　http://www.wpcbj.com.cn
邮　　箱　wpcbjst@vip.163.com
销　　售　各地新华书店
印　　刷　天津画中画印刷有限公司
开　　本　880mm×1230mm　1/32
印　　张　8.25
字　　数　190千字
版　　次　2023年9月第1版
印　　次　2023年9月第1次印刷
版权登记　01-2023-3203
国际书号　ISBN 978-7-5232-0387-3
定　　价　69.00元

如有质量或印装问题，请拨打售后服务电话010-82838515

此书献给玛吉

CONTENTS 目录

第二部分

创伤治疗实践技术
身与心如何走出创伤过去

导　言

本书是对现有创伤和创伤后应激障碍（post-traumatic stress disorder，PTSD）相关理论及治疗类书籍的补充，也是对现有创伤疗法的完善。希望本书能在已有的精神层面创伤的治疗和干预措施相关知识的基础上，增加读者对身体层面创伤的理解及治疗的知识。与创伤来访者合作的心理治疗师很可能会发现，本书介绍的理论、原则和技术与他们曾学过的治疗模式并不矛盾。此外他们还会发现，书中提供的信息可与他们惯用的治疗原则及技术配合使用，不存在取舍或冲突。

架起桥梁

本书旨在成为一本架设桥梁的书。我希望它至少能跨越创伤学领域中的两道鸿沟：第一座桥梁要连接（尤其是神经生物学领域的）科学理论和（直接与创伤个体和团体合作的治疗师进行的）临床实践，第二座桥梁要连接传统言语心理治疗和那些以身体为导向的心理治疗（身体心理治疗）。

长期以来，心灵与身体、传统心理治疗与身体心理治疗、理论与实践之间的差距一直是我关注的问题。我越来越清楚地认识到，PTSD让这些差距的弥合迫在眉睫。即使最保守的治疗师和研究人员也承认，PTSD不仅是一种心理疾病，也是一种与躯体十分相关的障碍。此外，所有PTSD领域的专业人员都觉得，他们必须拓展现有理论和实践。心理治疗师和身体心理治疗师不得不更加关注神经生物学理论，以解释和治疗躯体症状；身体心理治疗师还必须避免肢体触碰，并提高言语整合。研究人员则受到挑战，需要更多地把理论和实践相结合。希望我的这本书能够促进联系，弥合差距。

科学与实践

1998年6月21日，《纽约时报》（*New York Times*）女性健康版的头条是《实验室和治疗室之间日益扩大的鸿沟》（"A Widening Gulf Splits Lab and Couch"，Tavris，1998）。对报纸上的批评，大多数心理治疗师其实都心知肚明，但我的许多同事还是被惊到了，也有不少人感觉被冒犯了。那篇文章的作者卡罗尔·塔夫里斯（Carol Tavris）声称"'心理科学'是一个自相矛盾的词"，她批评执业治疗师对科学的关注太少，往往更注重治疗技术而不是科学理论。与我聊过的大多数专业人员都同意她的观点，即当他们与来访者坐在一起时，科学理论和临床实践往往分歧太大，以至于互不相关。然而我认为，科学家和从业者之间的这种差距只是字面上的，而不是原则上的。尽管科学文献提供的很多东西其实是与实践非常相关的，但其语言往往晦涩难懂，所以难以转化为实践。

在本书中，我尽量把理论以容易理解的方式呈现出来，使其便于实践操作。希望这样做能拉近研究创伤现象的神经科学家、行为学者及直接与创伤来访者打交道的心理治疗师之间的距离。

科学理论是创伤治疗师最有价值的工具，因为读懂心理学、神经生物学和心理生物学理论所提出的创伤机制，会对治疗有极大帮助。治疗师的理论基础越强，就越少依赖死记硬背的治疗技术。深刻理解创伤反应和 PTSD 发展的神经学及生理学机制，可以帮助我们及时制定和 / 或调整干预措施，以适合特定来访者和他的[1]特定创伤问题。理论基础也有助于治疗师根据每个案例的不同情况，从不同学科中习得的技术中选择并强化最适合治疗的那一种。精通理论的治疗师能让治疗更适合来访者，而不是想当然地认为来访者会适应治疗。

心理治疗与身体心理治疗

我还希望这本书能够在以谈话为导向的传统心理治疗师和以身体为导向的心理治疗师之间建立桥梁，我相信这两个专业群体在治

---

[1] 我尝试在全书中交替使用"他""她""他的""她的"等代词，希望尽量做到平等。——作者注

疗创伤和 PTSD 方面可以相互学习。

巴塞尔·范德考克（Bessel van der Kolk）在《哈佛精神病学评论》（*Harvard Review of Psychiatry*）上发表的开创性文章《身体从未忘记》（"The Body Keeps the Score"；van der Kolk，1994），使我第一次深受鼓励，下决心跨越这一鸿沟。正是在这篇文章中，我第一次发现了被主流精神病学领域认可的身心之间的联系。此外，安东尼奥·达马西奥（Antonio Damasio）的《笛卡尔的错误》（*Descartes' Error*，1994）也对我启发很大，这本具有开创性的书为身心之间的联系提供了神经学理论基础。两位的作品为我从心理物理学和神经生物学角度理解身心关系奠定了基础。此外，佩里、波拉德、布拉克利、贝克和维吉兰特（Perry, Pollard, Blakley, Baker & Vigilante，1995），肖尔（Schore，1994；1996），西格尔（Siegel，1996；1999），范德考克（van der Kolk，1998）等人关于婴儿依恋、大脑发育和记忆系统的著作，对理解创伤如何对神经系统造成不利影响，从而使人形成 PTSD，也有着重要的意义。

弥合言语心理治疗和身体心理治疗之间的距离，意味着要从两者中各取所长，而不是二选一。整合后的创伤治疗，必须考虑、包含和利用各种工具来识别、理解和治疗创伤对身心的影响。言语对两种治疗方式都很必要。对于那些创伤造成的躯体干扰，我们需要语言来理解它们及其背后的意思，提取它们的信息，并解决它们的影响。在治疗创伤时，对身体和心理的关注都至关重要，两者缺一不可。

治疗身体不必触碰

当涉及心理治疗或身体心理治疗时，"触碰身体"和"治疗身体"不能也不需要画上等号。有许多方法可用来治疗身体，例如整合肌肉、行为和感觉输入，而进行肢体性触碰并不是必须的。

之所以不把触碰作为心理治疗或身体心理治疗的一部分，原因有很多。除了担心可能产生"移情"的影响，还有对来访者心理界限的尊重，尤其是那些曾遭受过身体虐待或性虐待的来访者。同样值得慎重考虑的，还有来访者和治疗师的个人偏好。此外，许多医疗事故保单条款都不涵盖涉及触碰的治疗方法，美国大多数州的许可委员会也都禁止使用触碰式疗法。请不要误会，我不是极端主义者。我认为在来访者和治疗师一致同意的情况下，恰当的肢体触碰是有用的；但在本书中，我聚焦于不涉及触碰的身体技术，因为在我看来，这些技术才最适合用于创伤来访者。

虚假记忆之争

这不是一本讨论虚假记忆（false memory）[1]的书，我对目前的相关争议无意置评，也无野心去解决。但是，由于本书涉及记忆和创伤主题，我无法回避这个劲爆棘手的话题，便谈谈我的看法。

1　又译"错误记忆"，一种心理现象，指一个人会回忆起没有发生过的事情，或其记忆会将事物的真实情况扭曲。这些人对自己的记忆坚信不疑，甚至会对大脑编造的谎言信以为真。——编者注

我是持包容观点的：我认为，早期的创伤记忆有时可以相对准确地被恢复；我同样认可，虚假记忆有时会在无意间被治疗师和来访者创造或催生出来。这两种情况，我在来访者和见习治疗师、朋友和家人，甚至我自己身上，都曾见到过。

在我看来，本书的主要关注点"躯体记忆"（somatic memory），其可靠性跟其他形式的记忆比并无两样，本书之后也将探讨到这一点。就像认知记忆一样，躯体记忆可以是连续的，也可以被"遗忘"；它也可以被扭曲，因为身体的信息是由大脑解读或曲解的。当然，大脑也会受到大量其他影响，从而随着时间推移改变记忆的准确性。

虽然不能为解决争议做出什么贡献，但我希望本书能在两个方面提供帮助：帮助治疗师更加警觉和谨慎地对待虚假记忆，并提供工具让他们识别、理解和整合身体真正的记忆。

国际创伤应激研究学会（International Society for Traumatic Stress Studies，ISTSS）几年来一直在尽力着手解决这一争议。1998 年，该学会出版了一本关于该问题的专刊《被记住的童年创伤》（*Childhood Trauma Remembered*；ISTSS，1998）。这本简明的出版物对这一争议给出了中肯观点，我强烈推荐。

本书架构

本书分为两个主要部分。第一部分"创伤记忆理论基础：创伤如何被留存在身与心"介绍并探讨了人类的身体和心理如何处理、记录和记忆创伤性事件，以及阻碍和促进这些能力发展的因素，其中既有神经科学和心理生物学最前沿和最有说服力的循证科学，也有经得起时间考验的经典理论；第二部分"创伤治疗实践技术：身与心如何走出创伤过去"介绍了治疗受创伤的身体及心灵的策略，提供了无触碰式的实践操作方法，帮助创伤者理解和缓解他们的躯体症状，且这些方法符合并适用于任何针对创伤者的治疗模式。

声　明

对创伤、PTSD 及记忆机制的科学研究日新月异，速度之快令人无法企及。科学群体之间有时存在强烈分歧，PTSD 的病因及如何治疗、记忆系统如何运作，都引起了广泛争论。某一派别的研究支持的理论，会被另一派别驳斥，反之亦然。不管怎样，至少在创伤和记忆的主题上，科学似乎是个见仁见智的问题。

因此，你将于书中读到的是我基于不同理论、深思熟虑后的看法，并非明确的真理，因为真理尚不存在。但是，我希望本书能发人深省并切实有用，也相信每个读者深思熟虑后会形成自己的看法。

神经学家安东尼奥·达马西奥在《笛卡尔的错误》的导言中也表达了类似的观点，我想在这里重复一遍他的话："我对科学的客观性和确定性的假设持怀疑态度。我无法把科学结论——尤其是神经生物学的结论——看作临时性的近似值，得意一时，等有了更好的解释又将其抛弃。"

　　这是一本短小精悍的书，希望任何感兴趣的人都能花时间读一读它。在书中你会发现很多易懂的理论和实操技术，这些理论和技术对大多数来访者（虽然不是全部）都很有用。总之，我认为这是目前最好的（正如达马西奥所说的）"近似值"。

第一部分

创伤记忆
理论基础

创伤如何被留存在身与心

THE

BODY REMEMBERS

第一章

· · ·

什么是创伤后应激障碍？

创伤对身体和心理的影响

"我PTSD了。"——你真的理解PTSD吗？

我们那些受过创伤且被忽视的患者，如果确定他们混乱的核心问题是"当再次体验过去创伤引发的身体感受时，他们无法对正发生的一切进行分析，这些感受只会让他们产生紧张情绪且无法进行调节"，那么，我们的治疗就得包括"帮他们关注并理解身体的这些感受"。可以肯定的是，我们学过的任何传统心理疗法，都对此爱莫能助。

——巴塞尔·范德考克（1998）

　　接下来的案例"查理和狗"[1]，恰到好处地说明了身体会记住创伤经历。这个案例分为几个部分，第一部分先介绍查理经历的创伤

1　为了保护隐私和机密，本书案例及各部分的插图都修改了可识别信息。出于同样原因，许多示例实际上是数个案例的组合。治疗的基本原则和重点不会受到这些修改的影响。——作者注

性事件以及他由此产生的躯体和心理症状。后续章节会详细介绍帮助查理解决创伤性事件影响的干预措施。此外，本书还将穿插查理案例的参考资料，作为贯穿理论与实践的主线。

查理和狗（一）

几年前，一个星期天的下午，查理在乡间小道上骑车玩时，一只大狗突然边狂吠边追他。查理悠闲的骑行被打断，他心跳加速，口干舌燥，双腿也不知哪儿来的力气，蹬得越来越快，可那狗紧追不舍，最终它追上了查理并咬伤了他的右大腿。当查理连人带车翻倒后，那狗仍在狂吠攻击。查理失去了知觉。幸运的是，他摔在一个公共区域，有几个人冲过来对他进行急救，赶跑了恶狗，并叫了救护车。查理的腿很快被治愈了，但他的精神和神经系统却没有。每次看到狗他就会发病。只要看到一只狗，不管是锁在屋里的、关在门后的，还是隔着窗户或篱笆的，查理都会出冷汗、口干舌燥、头晕。自从那次事件后，他就一直尽可能跟所有狗保持距离，包括朋友的宠物狗。他会习惯性地横穿到马路另一边去，以躲避路这边的狗，无论它在人行道上还是在栅栏后。他从不让狗接近，更不会去逗弄抚摸狗。随着时间推移，查理的生活变得越来越受限，因为他试图避免任何与狗的接触。

后来有一次，在静修中心（retreat center）的培训课上，查理再次毫无准备地受了惊。当时他正舒服地坐在垫子上听课，注意力全都集中于站在他左侧的老师身上，完全没留意周边。他有所不知的是，这时静修中心的吉祥物宠物犬拉夫进来了。它不请自来地悄悄凑到了查理的右侧（不在他视野范围内），躺下来，把头搁到查理的右腿上，希望讨个"摸头杀"。查理感到右腿沉重便低下头，右眼余光瞥见拉夫后，立马惊慌失措：口干舌燥，心跳加速，手脚僵硬，无法行动，几乎说不了话。

查理对拉夫的反应不仅仅是心理上的。理性地讲，他想起了那次被狗袭击的事件，知道自己害怕狗；他也知道拉夫并不会攻击自己。但他所有的理性思考似乎都对他的神经系统不起任何作用，他的身体反应就像他正在（或马上要）遭受拉夫攻击。他整个人都瘫软了。是什么占据了查理的大脑和身体，以致他在没有现实威胁的情况下做出了如此极端的反应呢？为何他不能离开或推开狗？为何他在安全距离内看到狗，仍会口干舌燥、出冷汗？怎样才能帮助他在看到狗时停止这些极端反应？本书的基础，就架构在这些问题上。

基本前提

创伤是一种身心上的体验，即便创伤性事件并没有造成任何直接的身体伤害，也会对身体和心理造成双重影响，正如美国精神医学会（American Psychiatric Association，APA）出版的《精神障碍诊断与统计手册（第四版）》（DSM-4）中证明的那样，这种影响不但有据可查且被精神病学领域公认。PTSD 的系列症状中，最主要的一类是自主神经系统（autonomic nervous system，ANS）"持续的过度觉醒"（APA，1994）。尽管关于压力、创伤及 PTSD 的神经生物学和心理生物学研究及著作有很多，但直到现在心理治疗师仍缺乏治愈受创身心的工具。治疗师对身体的关注往往都集中在令人痛苦的 PTSD 症状、由此产生的适应问题和可能的药物干预上，却很少在创伤治疗中将身体本身作为可能的病源。躯体记忆已被命名为一种现象（van der Kolk，1994），但我们仍缺乏科学理论和策略支持来鉴别它、控制它，以及在治疗过程中利用它。

理解大脑和身体如何处理、记忆及延续创伤性事件，是治疗受创身心的关键。在某些情况下，直接的躯体干预作为现有创伤疗法的辅助手段，可有效对抗创伤的影响。此外，各种躯体性技巧的使用，也可以让治疗过程更顺利、有效。对躯体方面的关注并不需要治疗师改变创伤治疗的方向和重点。本书提供的一系列工具，可以在现有创伤疗法的模型中使用或嵌入，进而扩展和强化已有治疗手段。

PTSD的症状学

PTSD 会打乱那些深受其苦者的功能，干扰他们的基本日常生活能力。就 PTSD 而言，创伤性事件不会像其他生活事件那样被记忆并归为"一个人的过往",它不断通过视觉、听觉和／或其他躯体的现实体验侵入创伤者的生活。他们一遍遍重温那些折磨自己的致命经历,并在精神和躯体上做出反应,就好像这些事件仍在发生。PTSD 是一种复杂的心理生物学状态,当创伤性事件过去很久之后,心理和躯体的压力反应仍存在时,它便可能出现在"致命经历的唤醒"中。

有一种臆测认为,任何经历过创伤性事件的人都会发展出PTSD。事实绝非如此。尽管不同研究的结论存在差异,但它们都认可一点:只有一小部分人(约20%)会发展出 PTSD(Breslau, Davis, Andreski & Peterson, 1991;Elliott, 1997;Kulka et al., 1990)。"什么情况不会导致 PTSD"至今仍是个争议性话题,但答案还是有迹可循的。与之相关的非临床因素似乎包括:对可预测压力的准备、"战斗或逃跑"应激反应的有效性、成长史、信念体系、以往经验、内部资源(internal resource),以及支持(来自家庭、社区和社会网络)。

在心理学史上,PTSD 是一个相对较新的诊断类别。1980 年,它首次出现在国际公认的心理学和心理诊断学权威《精神障碍诊断与统计手册(第三版)》(DSM-3)中(APA, 1980)。DSM-3 关于 PTSD 成因的界定是有局限的,它认为 PTSD 是从某种无论任何人都会受到的创伤中发展而来的。这一界定至少有两个问题:它没有考虑"个人对事件的感知和体验"这一因素,而且错误地认为每个人都会因此类事件出现 PTSD。DSM-4(APA, 1994)中修订过的定义则相对宽泛,该界定将可能导致个体 PTSD 的三类事件[1]考虑在内：（1）直接经历威胁到或被视作威胁到个体生命或身体完整性的事件；（2）亲眼看到他人受到暴力行为；（3）获悉亲密联系人受到暴力行为或其因意外、暴力行为而死亡。DSM-4认为，对成人和儿童都可能造成创伤的事件包括：军事斗争、性侵犯和身体攻击、被扣为人质或被监禁、恐怖主义、酷刑、自然和人为灾难、事故，以及被诊断出危及生命的疾病。此外，DSM-4指出，即使性猥亵并非致命事件，但经历过的儿童也可能会发展出 PTSD。它补充道："当应激源是人为造成的（如酷刑或强奸），障碍可能会特别严重，或持续很长时间。"（APA，1994，第424页）。

与 PTSD 相关的症状包括：（1）以不同的感觉形式反复体验创伤性事件［闪回（flashback）］；（2）回避创伤提醒物；（3）长期的自主神经系统过度觉醒。DSM-4认为，上述症状在创伤性事件后立即发生是正常的，只有当这些症状持续一个多月并伴有工作或社会关系等方面的功能丧失时，才被诊断为 PTSD。

躯体障碍是 PTSD 的核心问题。PTSD 患者会受困于许多可怕的躯体症状，它们的共同特征是曾在创伤性事件中经历过的自主神经系统过度觉醒（之前案例中的查理也是如此）：心率加快、出冷汗、呼吸急促、心悸、过度警觉及过度惊恐反应（神经质）。当这些症状发展成慢性后，会导致进一步的 PTSD 症状：睡眠障碍、食欲不振、性功能障碍、注意力难以集中。DSM-4认为，PTSD 的症状可由创伤性事件的外部及内部提醒物引发，并提醒我们躯体症状

1　在APA于2013年出版的DSM-5中，可能导致个体患PTSD的事件增加了一类，即"反复经历或极端接触于创伤性事件的令人作呕的细节中"。——编者注

本身就可触发 PTSD 反应。PTSD 可能成为一种恶性循环。

区分应激、创伤应激、创伤后应激和PTSD

汉斯·塞利（Hans Selye）将"应激"（stress）定义为"身体对任何需要做出的非特异性反应"（1984，第 74 页）。应激通常被认为是对消极经历的反应，但它也可能源于期望的积极经历，如结婚、搬家、换工作，以及离家去上大学。

最为极端的应激形式当然是来自创伤性事件的应激，即"创伤应激"（traumatic stress）。而"创伤后应激"（post-traumatic stress，PTS）是指持续跟随在创伤性事件之后的创伤应激（Rothschild，1995a）。只有当 PTS 积累到一定程度，产生 DSM-4 描述的症状时，我们才能将之称作 PTSD，这意味着高度的日常功能障碍。尽管没有统计数据，但可以猜测，有大量 PTS 患者在夹缝中生存——他们既没有从创伤中恢复过来，但也没有 PTSD 那么严重。这类人也可以从创伤治疗中获益。（案例中的查理就有典型的 PTS 特征。这导致他生活的某一方面受到限制——回避狗——但他生活的其他方面功能正常。）

生存与神经系统

觉醒（包括创伤性过度觉醒），是由位于脑干（brain stem）

和大脑皮质（cerebral cortex）之间的"指挥中心"——边缘系统（limbic system）调节的。这部分大脑控制人的生存行为及情感表达，主要与生存任务有关，如进食、性繁殖及"战斗或逃跑"的本能防御。同时，它影响记忆处理。

边缘系统与自主神经系统关系紧密。边缘系统评估情况，向自主神经系统发出放松身体或紧张备战的信号。自主神经系统起到的作用是控制平滑肌和一些内脏器官：心脏和循环系统、肾、肺、肠、膀胱等。它的两个分支，交感神经分支（SNS[1]）和副交感神经分支（PNS[2]），通常相互制衡：一个被激活，另一个就被抑制。交感神经系统主要在工作或应激（无论消极还是积极）状态下被激活；副交感神经系统则主要在休息和放松状态下被激活。

作为对极端创伤性威胁的回应，大脑边缘系统会通过释放激素来通知身体准备采取防御行动（见图1.1）。在感知到威胁后，杏仁核（amygdala）向下丘脑（hypothalamus）发出警报（两者都属于边缘系统），启动了两个体系：（1）交感神经系统激活；（2）促肾上腺皮质激素释放激素（corticotropin releasing hormone，CRH）[3]释放。这些反应继续进行，每个反应都相对独立，但又彼此相关。在第一个体系中，交感神经系统的激活进一步激活了肾上腺释放肾上腺素和去甲肾上腺素，以动员身体进行战斗或逃跑。这是通过提高呼吸频率和心率提供更多氧气，同时把血液由皮肤转送到

---

1 sympathetic nervous system，交感神经系统。——编者注
2 parasympathetic nervous system，副交感神经系统。——编者注
3 又称促肾上腺皮质激素释放因子（corticotropin releasing factor，CRF）。——编者注

肌肉（以便快速行动）来实现的。（在查理的案例中，呼吸加快及血液流向大腿，让他可以骑车骑得比平常快很多。）与此同时，在另外一个体系中，促肾上腺皮质激素释放激素激活了垂体，释放促肾上腺皮质激素（adrenocorticotropic hormone，ACTH），进而激活肾上腺，释放氢化可的松，也就是皮质醇。在创伤性事件结束后，"战斗或逃跑"应对成功，皮质醇会抑制警报反应及肾上腺素或去甲肾上腺素的产生，帮助身体恢复稳态。

这一系统被称为下丘脑-垂体-肾上腺轴（hypothalamic-pituitary-adrenal axis，HPA axis）。它对创伤研究至关重要，因为它正是 PTSD 中导致问题出现的原因之一。雷切尔·耶胡达（Rachel Yehuda；Yehuda et al., 1990）最早在 PTSD 患者体内发现，当需要终止警报时，他们的肾上腺却没有释放足够的皮质醇（见图 1.2）。多个研究显示，PTSD 患者的皮质醇水平低于能起到控制作用的标准，甚至比那些有抑郁之类心理问题的人还低（Bauer，Priebe & Graf，1994；Yehuda et al., 1990，1995；Yehuda，Teicher，Levengood，Trestman & Siever，1996）。我们从这一证据可以得出结论，即在化学水平上，PTSD 中典型的持续警报反应是由皮质醇生成不足导致的；不过我们尚不清楚这究竟是单纯的生化过程，还是受到边缘系统感知的影响。尽管有证据表明 PTSD 患者体内的皮质醇水平低，但其成因仍是个疑问。

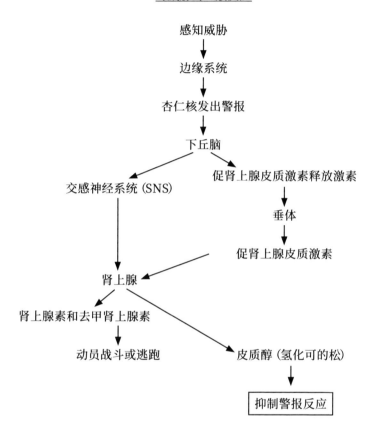

对威胁的一般反应

图1.1　下丘脑-垂体-肾上腺轴

　　关于下丘脑-垂体-肾上腺轴和皮质醇，人们比较感兴趣的一个问题是创伤威胁的僵住反应。当死亡迫在眉睫、无法逃跑，或创伤威胁一直持续时，大脑边缘系统会激活副交感神经系统，引起被称为**强直静止**（tonic immobility）的僵住反应——就像老鼠被猫逮住

濒死时，或鹿被车头灯照着僵硬不动时的样子（Gallup & Maser，
1977）。引起僵住反应的化学成因一定与下丘脑-垂体-肾上腺轴有
关，但这尚待研究。

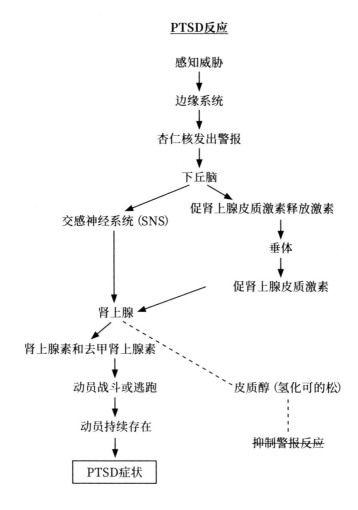

图1.2　下丘脑-垂体-肾上腺轴

这些神经系统反应——战斗、逃跑及僵住（强直静止）——都是自动求生行为。它们与反射相似，因为都是瞬时的；但这些反应的机制比简单的反射要复杂得多。如果大脑边缘系统的知觉认为有足够的力量、时间和空间可以逃跑，那么身体就会开始逃跑。如果边缘系统的知觉认为没时间逃跑，但有足够力量可以抵抗，那么身体就会战斗。如果边缘系统的知觉认为既没时间逃跑也没力量战斗，而且死亡将临，那身体就会僵住。在这种状态下，创伤者会进入一种被改变的现实（altered reality）：时间变慢，恐惧和痛苦消失；如果在这种状态下出现伤亡，疼痛感就不会那么强烈。从高处摔下或被动物咬伤但幸存下来的人，都称有过这种反应。这种僵住反应可能也增加了生存概率。如果起因是人或野兽的攻击，一旦被攻击者死亡，攻击者可能就会失去兴趣，就像猫会对死耗子失去兴趣。（查理在被狗攻击时失去了意识，后来与狗接触时他则是瘫软麻痹，这两种表现都是僵住反应的形式。）

　　重要的是要理解，边缘系统或自主神经系统的这些反应，是对感知到的威胁做出的"瞬时的""本能的"反应，并非经过深思熟虑。很多受 PTSD 折磨的人，会因自己没有做出反击或逃跑行为来自保，而是表现出"僵住"或"假死"而感到非常内疚和羞耻。在这些情况下，理解"僵住"是不由自主的行为，通常有助于患者进行艰难的自我原谅。

对记忆中的威胁的防御反应

大脑边缘系统激活自主神经系统以应对创伤性事件的威胁，这是正常的、健康的、适应性的生存反应。而如果威胁已经过去，人得以幸存，但自主神经系统仍在持久的觉醒中，这便是 PTSD。创伤性事件似乎一直在时间的长河中随意漂浮，而不是停留在一个人的过去，它常常不经意地进入当事人当下的感知，好像它真的就发生在现在。（查理再也没有被狗攻击过，但是每当他再次遇到狗时，身心都会继续做出反应，就像他已经或即将受到攻击。）

大脑边缘系统内有两个相关区域，它们是记忆存储的核心：海马体（hippocampus）和杏仁核。过去几年[1]，越来越多的研究表明大脑的这两部分主要参与记录、归档和记住创伤性事件（Nadel & Jacobs，1996；van der Kolk，1994；等等）。众所周知，杏仁核有助于处理高度紧张的情绪记忆，如恐惧和惊骇，它在记取和再现创伤性事件时都会变得非常活跃。海马体会为某个事件提供时间和空间背景，把记忆放到我们生活时间线中适当的视角和位置上。海马体在处理信息时，会给事件分配一个"开始"、一个"中间"和一个"结束"。这一点对于 PTSD 非常重要，因为 PTSD 的特征之一就是感觉创伤尚未结束。研究表明，海马体的活动常常在受到创伤威胁时被抑制，它对处理和存储事件的常规帮助就不再起作用了（Nadel & Jacobs，1996；van der Kolk，1994；等等）。当这种情

1　原书出版于2000年。——编者注

况发生时，创伤性事件就无法停留在个人生活史中其原本发生的位置，而是会继续侵入当下。"创伤性事件已结束、创伤者已幸存下来"的感知发生了缺失，这可能是 PTSD 典型核心症状"闪回"的发生机制——在大脑和 / 或身体里重温创伤性事件的情节。

解离、僵住反应与PTSD

令人惊讶的是，DSM-3 或 DSM-4 都没有把解离，也就是意识的分裂，作为 PTSD 的症状提出来，而只是把它当作急性应激障碍的症状（APA，1994）。关于 PTSD 实际上是否应该是一种解离性障碍，而非目前分类的焦虑症[1]，争论越来越激烈（Brett，1996）。在国际创伤压力研究学会上，一个小组讨论了这个问题（Wahlberg，van der Kolk，Brett & Marmar，1996）。尽管有很多猜测，但没人真正知道解离是什么，或它是如何发生的。它似乎是一组相关形式的分裂意识，分裂涵盖的范围很广——小到忘记自己为何进厨房，大到分离性身份障碍（dissociative identity disorder；以前称为多重人格障碍）。PTSD 患者在创伤性事件中描述的那种分离——时间感改变，疼痛感减少，没有恐惧或惊骇——很像那些报告在受到创伤性威胁时会用僵住反应应对的人的特征。僵住反应是否是一种解离形式，需要更多的研究才能知道。

1　本书英文原版出版时，通行的DSM-4将PTSD分类为"焦虑障碍"；在现行的DSM-5中，PTSD被分类为"创伤及应激相关障碍"。——编者注

理解这种机制很重要，因为 PTSD 最严重的后果似乎是由解离引起的。虽然解离似乎是一种使自我免于痛苦的本能反应——而且它做得很好——但需要付出高昂的代价。多个领域都对解离现象开展了研究，其中许多都指出，创伤性事件中的解离［围创伤期解离（peritraumatic dissociation）］有可能预测 PTSD 的最终发展（Bremner et al.，1992；Classen，Koopman & Spiegel，1993；Marmar et al.，1996）。

创伤及PTSD的后果

创伤和 PTSD 的后果因创伤者的年龄、创伤的性质、对创伤的反应及创伤者受到的支持等方面的不同而相差很大。一般来说，患有 PTSD 的人由于侵入性症状而生活质量下降，这限制了他们的功能。由于身体受到自主神经系统创伤性过度觉醒的影响，他们可能会被"过度活跃"期和"精疲力竭"期交替折磨。有关创伤经历的提示因素可能会突然出现，立刻引起惊恐。他们会变得害怕，不仅害怕创伤本身，而且害怕自己对创伤的反应。那些曾经只是表达基本信息的身体信号也变得危险了，例如：表明过度劳累或兴奋的心跳加速，其本身就可能成为危险信号，因为它会让人想起创伤反应时的心跳加速，所以就与创伤有了关联。当环境中的许多事物，甚至所有事物都被认为危险时，个体对安全和危险的判断力就会下降。当每天的创伤提醒物变得极端时，就会激活僵住反应或解离，就好像创伤发生在当下一样。这可能会变成一种恶性循环，最终，PTSD 患者会变得极度受限，害怕与他人相处或出门。（如前文提到的，查理患有的是 PTS 而不是 PTSD，他没有变得那么极端受限。但是，每次遇到可怕的狗，他都变得越来越受限，所以仍然存在发展成 PTSD 的可能性。）

大脑怎么会变得如此不堪重负，以至于它无法把创伤性事件处理完并将其归档到过去？下一章将讨论这个问题可能的答案。

第二章

• • •

人为什么会产生记忆？

大脑发育与记忆系统

创伤总会以各种方式，被深深地刻进脑海。

许多情况下，经历过创伤性事件的人能处理和解决好这些事件，免受长期影响。他们能回忆和叙述发生在自己身上的那些事，理解所发生的事，拥有与其记忆匹配的情绪，并确信那些事已经过去了。

　　在仍受创伤困扰的人中，PTS 患者和 PTSD 患者对创伤性事件的记忆是不同的，通常分属两个不同的类别。有些创伤者会非常详细地记住创伤性事件，能够像观看视频回放那样描述发生过的事。在这些情况下，PTS 或 PTSD 会持续存在，因为这些人无法理解事件或事件的某些方面，他们可能仍会被强烈的情绪和 / 或与遭受的创伤关系不大的身体感觉所困扰。（查理对被狗袭击的记忆就是个例子。他记得被狗追直到失去知觉的细节，但每次靠近狗时，他都会持续感到危险，无论那只狗多么温和。）或者他们可能会感到身体和 / 或情绪的麻木，并抱怨生活有一种死气沉沉的感觉。还有些人几乎不记得任何实际的创伤性事件，但会受到当下毫无意义的身体感觉和情绪反应的困扰。不管创伤是否被记住，对于那些患有 PTS 和 PTSD 的人来说，他们都很难意识到创伤其实存在于过去并且危险已经过去了。

研究大脑如何发育可能会揭示一些线索，帮助我们理解这些类型的记忆扭曲。

发育中的大脑

新生儿的大脑绝不是一成不变的。人出生时，大脑是身体最不成熟的器官之一。事实上，它很像一台崭新的计算机，配备了一个基本操作系统，包含了未来开发、编程、文件存储和扩展所需的一切，但目前还无法做太多超出基本系统要求的事。

在大多数情况下，人类的大脑组织具有可塑性——可编程和可重新编程。它对外部影响高度敏感。事实上，大脑结构越高级越复杂，它的可塑性就越强（Perry, Pollard, Blakley, Baker & Vigilante，1995）。大脑皮质是最复杂、最灵活、最容易被影响的结构，脑干是大脑中最不复杂及可塑性最低的结构。大脑对影响及变化的敏感性是成长和发育所必需的。如果我们的大脑没有适应和变化的能力，我们就不可能学习任何东西。成长、发育和变化对于健康和生存都是必要的。尽管大脑在整个生命周期中都保持灵活，但它改变的能力确实会随着年龄增长而下降。当然，生命最初的几天、几个月和几年，为后来的能力、才华及缺陷埋下了关键伏笔。

大脑最初的组织架构方式取决于我们还是婴儿时与所处环境的互动。大脑如何继续生长、发育和重组，取决于我们之后一生中的经历。大脑的可塑性使我们每个人都独一无二，正如没有两个生活经历完全相同的人，即使同卵双胞胎也不一样。认识到大脑组织是灵活且易受影响的，对了解功能失调的情绪模式（如 PTSD）会如何发展以及如何改变这些模式至关重要。

人之初

婴儿大脑具有生存所需的本能和反射（心跳、呼吸反射），具有吸收和利用营养的能力（搜索、吞咽反射、消化和排泄），以及从接触中受益的能力（感觉通路、抓握反射），等等。但是，这种基本的大脑系统还不足以确保婴儿的生存。婴儿需要一个更成熟的人（主要看护人——通常是母亲，但不总是）来照顾和保护他。此外，许多人认为，婴儿和看护人之间的互动决定了其大脑和神经系统的正常发育。

这些都不是新发现。婴儿生存的方方面面都依赖于他们的看护人。能够满足婴儿情感和身体需求的看护人，能够将婴儿培养成拥有广泛资源的幼儿、儿童、青少年和成人，让他们也逐渐有能力以合适有益的方式来自己满足自己的需求。受到良好照顾的婴儿会成长为具有复原能力的成年人，他们能游刃有余地迎接生活的暴击，他们的大脑可以处理整合积极和消极的经历，让行为和态度学会适应。

反之，如果看护人无法满足婴儿的大部分需求，这些婴儿有可能成长为缺乏复原能力且难以适应生活起起落落的成年人。他们的大脑处理生活经历的能力可能较差。他们似乎更难理解生活中的事件，尤其是那些应激性事件；并且他们更容易受到心理困扰和心理障碍的影响，包括毒瘾、抑郁及 PTSD（Schore，1994）。

越来越多的研究描述了健康的心理联结和依恋对人生早期的健康发展至关重要（Shore，1994；Siegel，1999；van der Kolk，1998）。依恋关系会刺激大脑发育，进而拓展并增强个体在一生中应对情绪的能力。科学终于赶上了父母和心理治疗师的步伐，他们一直都知道这是真的，但不知道为什么、怎么做。现在我们认为，看护人和婴儿间的养育互动对促进健康的情绪发展大有帮助，因为这种关系本身会刺激大脑和神经系统的正常发育。

一些基础知识

以下是一段关于大脑如何发育的简要概述，后面的章节将对这些基础知识进行扩展说明。这里的资料仅限于了解大脑发育最终如何影响创伤处理所必需的内容。

大脑是神经系统的控制中心。它能够调节体温，告诉我们何时该寻求营养，并指挥与进食、消化和排泄有关的所有功能；它让心脏跳动，让我们呼吸。没有大脑，人们就不可能繁衍，人类就将灭绝。此外，大脑还会像计算机一样处理信息。它通过身体的所有感觉通路接收信息：视觉（包括书面语）、听觉（包括口头语）、味觉、触觉、嗅觉、本体感觉（proprioception；告知身体的空间和内部状态）和前庭感觉（vestibular sense；指明哪里才是向上）。

神经系统通信

突触（synapse；见图 2.1）指两个神经细胞（神经元）的连接点。来自一条神经的信号或信息通过这个部位传递给下一条神经，就像火花那样跳过间隙。从一个细胞到下一个细胞的通信，可以通过一个电脉冲或一种化学神经递质来完成。肾上腺素和去甲肾上腺素都属于神经递质，这些激素是在应激时分泌的（参见第一章中的"生存与神经系统"）。肾上腺素由肾上腺中的交感神经释放，去甲肾上腺素由身体其他部位的交感神经释放（Sapolsky，1994）。当足够的去甲肾上腺素从交感神经末梢释放出来，并沿着从突触到另一个突触的路径传递时，身体就做好准备要战斗或逃跑了。

突触串以一定布局连接起各个神经元，产生了由大脑和身体执行的复杂活动。每一串突触产生一个结果：肌肉的收缩、图像的回忆、眨眼、忐忑不安、一次心跳、惊得倒吸一口气。由许多突触串组合而成的突触组会产生更复杂的结果：走路、说话、解决数学问题、理解文字段落、记住电影细节、意识到某人很冷并把暖气调高。通过感觉进入身体和大脑的所有信息，都是由离散的突触组识别和记录的；每个反射、行为、情绪或想法，也都是通过离散的突触组产生的。人所有的经历都得通过突触进行编码、记录和再现。大脑通过与传出神经（大脑→身体）连接的突触来调节所有身体过程和行为；相对地，身体通过与传入神经（身体→大脑）连接的突触向大

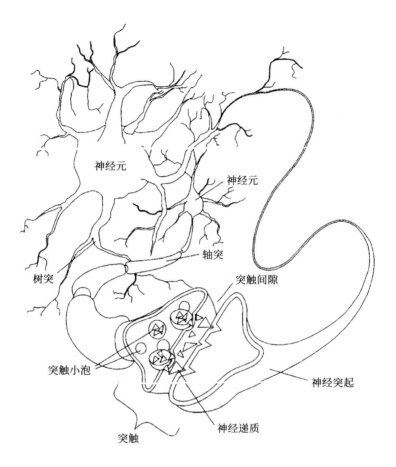

图2.1　突触

经查尔斯·A.达纳基金会新闻办公室允许转载。

脑报告其内部状态和空间位置。也正是通过一组组突触，个人的想法被联结成概念或被关联到特定事件。认知记忆需要通过大脑内的突触连接神经，而躯体记忆需要感觉神经通过突触连接到大脑，然后记录在大脑中。

然而，突触的顺序不是固定的，它们会受到影响而且可被更改。新的学习是通过创建新的突触串或适应现有的突触串来实现的。就像俗话说的"用进废退"，遗忘（例如忘记如何做某事）就是没有使用突触串的后果。凡事有好有坏，通过改变突触，记忆也可以被扭曲。

大脑的分区

想要对大脑的样子有概念，其实很容易（见图2.2）。将右手握成拳头，竖在眼前，你的右手腕代表脑干，你的拳头代表中脑（midbrain）和边缘系统。现在，用你的左手盖住你的右拳——那就是大脑皮质，即大脑的外层。

脑干——有时被称作"**爬虫脑**"——调节基本的身体功能，如心率和呼吸。出生时大脑的这个区域必须成熟，婴儿才能存活。

边缘系统主管生存本能和反射。它包括下丘脑——负责维持体温、提供基本营养和水分、休息及平衡。边缘系统还控制**自主神经系统**，调节平滑肌和内脏对压力及放松的反应，包括性唤起和性高潮，以及战斗、逃跑和僵住等创伤性应激反应。边缘系统的另外两个区域是**海马体**和**杏仁核**，它们对理解创伤记忆尤其关键。海马体和杏仁核分别都由两个脑叶组成（大脑两侧各一个），这两个结构都是处理从身体传输到大脑皮质的信息的重要部分。

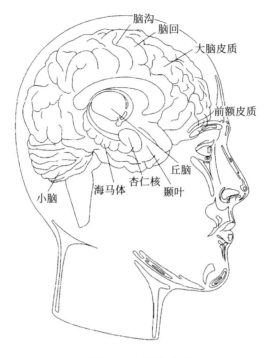

图2.2 大脑的分区

经查尔斯·A. 达纳基金会新闻办公室允许转载。

杏仁核处理并促成情绪的储存及对情绪刺激的反应，而海马体处理必要的数据，以便在个人时间线上理解这些经历（"这件事发生在我一生中的什么时候"）和经历本身的顺序（"先发生了什么、后发生了什么"等）。纳德尔和佐拉-摩根发现，杏仁核在人出生时就成熟了，而海马体则较晚，大约在出生后第二或第三年时才成熟。了解这两种结构的功能及成熟时间差异，就有可能理解**婴儿期遗忘**（infantile amnesia）现象——我们一般不会有意识地记住自己婴儿期时发生的事。婴儿期的经历通过杏仁核处理，然后储存在大脑皮质中，由于杏仁核促成的是这些体验中情感部分的储存，所以在海马体功能尚不可用时产生的婴儿体验的记忆，只是些没有背景情境或顺序混乱的情绪和身体感觉。这也许可以解释，在我们后来的生活中，为何婴儿期的经历无法像通常所说的"记忆"那样被提取（Nadel & Zola-Morgan，1984）。

成熟完善的杏仁核和海马体功能对处理人生事件，尤其是应激性事件，是不可或缺的，但它们在创伤性事件中却有点儿不"给力"。随着压力水平升高，抑制海马体活动的激素会被释放，而杏仁核则不受影响。创伤往往会伴随着皮质醇的过量分泌，也许正是这个因素影响了海马体（Gunnar & Barr，1998）。这可能在部分程度上解释了与 PTSD 相关的记忆扭曲。一些患有 PTSD 的个体将他们的创伤经历回忆为高度令人不安的情绪和感觉状态，而缺乏由海马体功能促进形成的时间和空间背景。海马体的大小一直是近期 PTSD 研究的主题。一些研究得出的结论是，PTSD 幸存者的海马体比一般人群的要小（Bremner et al.，1997；Rauch，Shin，Wahlen & Pitman，1998；Schuff et al.，1997）。然而，这些引人入胜的发现并没有确定，PTSD 患者的海马体是由于其活动被应激激素（stress hormone）抑制而缩小了，还是从一开始就比较小。无论如何，海马体较小似乎会干扰大脑对应激性生活事件的处理。

丘脑（thalamus）是中脑的一部分。组成它的两个部分位于边缘系统的两侧。它是来自身体各部分的感觉信息传输到大脑皮质的中转站。

大脑较为原始的结构之上，覆盖的是**大脑皮质**，它负责所有高级的心理功能，包括言语、思维、语义和程序记忆。目前，人们对大脑左右皮质的各种信息处理功能及其与边缘系统的关系非常感兴趣。右侧皮质似乎在感觉信息输入的储存方面发挥着更大的作用，而看起来杏仁核就是感觉信息传输到右侧皮质要途经的边缘结构。左侧皮质似乎与海马体的关系更密切；此外，它似乎依赖于语言来处理信息。巴塞尔·范德考克发现，左侧皮质中负责言语产生的结构——布洛卡区（Broca's area），它的活动在创伤性事件发生期间也会受到抑制（就像海马体那样；van der Kolk，McFarlane & Weisaeth，1996）。他描述了他所谓的创伤的"无语恐怖"（speechless terror）。我们都经历过不知所措或忘记要说什么话的情况。在压力之下，这种困境会加重，有时会达到极端的程度。（查理的案例中，他在恐慌状态下原本可以讲话的，但他的发声器官收缩得太紧，以致几乎说不出话来。）

相互联系与发育中的大脑

阿伦·肖尔和布鲁斯·佩里分别提出了一种神经学模型，用于理解婴儿期依恋的建立在应激性人生经历中的重要调节作用（Schore，1994；Perry et al.，1995）。根据这两种模型，主要看护人除了要满足婴儿的基本需求，还在帮助婴儿调节有时非常高的刺激水平方面起到关键作用。对看护人的健康依恋，使婴儿最终能够发展出自我调节积极和消极刺激的能力。佩里和他的同事还提出，积极的早期经历对大脑特定区域的最佳组织和发育至关重要（Perry et al.，1995）。

新生的婴儿就是一堆原始的感觉接收器。胎儿在母亲的羊水中被包裹和隔离了九个月，虽然子宫内也有感觉刺激，但都受到抑制。新生儿对出生时突然蜂拥而来的刺激准备不足。突然间，他就真的被推进了一个充满崭新而强烈的触觉、听觉、味觉、视觉、嗅觉、冷感、热感和痛觉的环境中。婴儿用尖声哭叫对这第一波刺激做出反应。但是当被放到母亲肚子上，听到熟悉的（虽然之前是低沉的）声音，感受到她的爱抚，甚至可能闻到熟悉的气味时，新生儿很快便会平静下来。这是婴儿第一次体验由主要看护人介导的刺激控制。婴儿的母亲（通常是主要看护人）转眼间就能调解和平息过多的新刺激，让孩子平静下来。在理想情况下，整个婴儿期都会如此：宝宝要是不安，看护人的出现便可抚慰。

起初，看护人帮孩子调节对刺激的反应，包括饥饿、口渴、潮湿、寒冷、疼痛等不舒服的感觉。慢慢地，看护人也会帮孩子调节情绪反应：沮丧、愤怒、孤独、恐惧，以及兴奋。一开始，大部分调节过程是通过触觉和听觉进行的。然而，正如肖尔所描述的那样（Schore，1996），在出生后不久，婴儿和看护人之间会形成一种互动模式，这是情感调节过程的核心。他们学会通过面对面的接触相互刺激，这使婴儿能够逐渐适应越来越强的刺激和觉醒。

看护人和婴儿之间的这些相互作用：联结和依恋、不安和调节、刺激和协调，在肖尔看来，都是右脑介导的。在婴儿期，右侧皮质比左侧皮质发育得更快——而且，如前所述，与左脑相关的海马体尚未成熟（Schore，1996）。

到了一周岁时，主要看护人和婴儿之间的关系会发生巨大变化。婴儿从第一个动作开始，进入了学步期——匍匐、爬行，最后是站立和行走——并发展出更高的独立性以及与环境互动的可能性。同时，看护人的角色从几乎100%的培养者、支持者和安抚者转变为社会化控制者，会设定限制、说"不"，有时还会不支持孩子和/或引起孩子不满。看护人和孩子如何解决这种角色变化，至少取决于三个因素：依恋纽带的牢固性、看护人对孩子不当行为感到愤怒的同时继续爱的能力，以及看护人设置并保持平衡、一致的界限的能力。也是在这个时候，左侧皮质开始了加速生长阶段，并随着语言（也就是左侧皮质功能）的发展而不断持续。同时，在边缘系统中，海马体的成熟增强了孩子理解环境的能力。有了建立在安全依恋之上的良好开端，然后是理性、一致的界限设置，孩子将开始使用他不断发展的语言来描述事件，并理解自己情绪和感觉的体验。

创伤与发育中的大脑

为什么有些人比其他人更容易受创伤性事件困扰？肖尔等研究者断言（Schore，1996；van der Kolk，1987，1988；Siegel，1999；De Bellis et al.，1999；Perry et al.，1995），从个体早期发展过程中的应激性事件中，可以发现包括PTSD在内的心理障碍的倾向：被忽视、遭到身体和性虐待、依恋纽带建立失败，以及个人的创伤性事件（住院、父母去世、车祸等）。有研究者猜测，受到早期创伤和／或没有从健康依恋中受益的人，在后来的人生中调节压力和理解创伤经历的能力可能有限。在某些情况下，海马体的活动减少可能是因为它从未发育完全（依恋缺陷）或被抑制（创伤性事件），因而调节压力的能力受到了限制（Gunnar & Barr，1998）。在这种情况下，后来的创伤经历可能只会被一些人记忆为强烈的情绪和身体感觉。在其他情况下，个体可能对"解离"或"僵住"等生存机制习以为常，以至于更具适应性的策略要么永远不会被发展，要么从生存技能中消失。

创伤与成熟的大脑

即使在婴儿期和童年期一切顺利甚至符合理想，个体在青春期或成人期也可能面临严重的创伤性事件，从而导致 PTS 或 PTSD。对"二战"后定居在挪威的纳粹大屠杀幸存者的研究，给出了一些最有说服力的证据。与其他斯堪的纳维亚国家一样，挪威在纳粹集中营数千名幸存者的重新安置和健康恢复方面发挥了重要作用。除了满足他们对医疗、营养及卫生安全的生活区的基本需求外，挪威还为他们提供了精神支持。直到"二战"之前，挪威精神病学领域与欧洲和美国的同领域类似，都认为精神疾病是从童年缺陷发展而来的。由于精神疾病的症状在集中营幸存者中普遍存在，挪威精神病学家以为会听到充斥着功能失调的童年历史。但他们惊讶地发现，大多数幸存者都报告说他们在有凝聚力、相互支持的家庭中度过了幸福的童年。如何解释这种不一致？精神病学家最终不得不总结说，研究证据"令人信服地表明，慢性精神疾病可能发生在童年时期生活和谐但遭受过极端身心压力的人身上"（Malt & Weisaeth，1989，第 7 页）。因此，大屠杀的创伤后果，标志着精神病学看待极端压力对成年人影响的观点发生了巨大变化。（查理的案例也说明了这一理论，因为他的创伤发生在成年时，在被狗袭击后患上了 PTS——并由于生活变得越来越受限，他走向了 PTSD。查理的反应并不来源于早期的创伤或发育缺陷。）

对心理治疗充满希望的意义

　　婴儿期并不是一个人获取健康依恋的唯一机会，受过创伤的婴儿不一定会出现功能障碍。例如，对于许多在婴儿期被剥夺了良好人际关系的孩子来说，他们缺失的人际关系——最好的朋友、特殊的老师或抚慰人心的邻居，很大程度上都在以后的生活中得到了弥补。很多青少年和成年人在成熟的爱情关系中找到了治愈的纽带。对于多数人来说，这种关系对弥补他们在婴儿期错过的纽带或遭受的创伤大有帮助。还有一些人在心理治疗关系中找到了需要的纽带（动力心理治疗和身体心理治疗在补偿早期缺陷以及治愈早期及大规模创伤中的作用，将在第五章讨论）。

　　大脑的成熟为获得必要技能和资源奠定了基础，包括认识和应用从生活事件中得到的教训。大脑如何处理和记忆创伤性事件决定了"谁会患上"和"谁不会患上"PTSD。虽然不是唯一的变量，但"婴儿-看护人"依恋关系的质量确实是预测健康大脑成熟度的重要变量。下一节将讨论记忆的类别以及它与大脑和 PTSD 形成的关系。

什么是记忆？

——我们九点见的。

——我们八点见的。

——我当时没迟到。

——不，你迟到了。

——啊，对，我想起来了……

——《金粉世界》[1]

对记忆的研究，也就是关于记忆和记忆系统功能的研究，是一个发展非常迅速的领域。自 20 世纪 60 年代以来，它一直在加速，并在 20 世纪 90 年代初达到了疯狂的速度且保持高速。而让研究界兴趣大增的原因之一，是关于回忆创伤性记忆的争议。

记忆的基础

一般来说，记忆与个体从内外部环境感知到的信息的记录、存

1　美国歌舞爱情片，1958年上映。这段歌词节选自影片中曲目《我记得很清楚》（*I Remember It Well*）。——编者注

储和回忆有关。所有的感觉，都是感知世界不可或缺的一部分；大脑处理感知并将它们存储为想法、情感、图像、感觉和行为冲动。当这些存储的事项被回忆时，那就是记忆。

一段信息要成为记忆，它必须至少经过三个主要步骤：记忆**编码**是指在大脑中记录或铭刻信息的过程；记忆**存储**是指用某种方式和时长保存信息；记忆**提取**是指访问已存储的信息，将其带回意识层面。实际上，大脑记忆的过程与计算机非常相似。在屏幕上书写文字也就是将信息编码到计算机上，但这只是一种临时手段，除非它被保存在一个类似于存储器的文件中。一旦保存在文件中，该信息就会处于休眠状态，直到通过重新打开文件（回忆）来提取它。与大脑记忆一样，保存过的计算机文件有时很难再重新定位。

某些类型的信息比其他信息更容易存储。意义越重大，情绪负荷越高——无论是积极的还是消极的——这样的信息（或由多条信息组成的事件）就越有可能被存储（Schacter，1996）。

记忆的长与短

就在 40 年前，人们还普遍认为记忆很简单：我们要么记得，要么不记得。我们现在所说的**长期记忆**（long-term memory）是当时唯一被承认的类别。当记忆没成功时，就被称为遗忘，或在极端情况下，被称为遗忘症（amnesia）。我们的经历曾被认为是像录像带一样刻在大脑皮质上的，而记忆就是播放视频。这一理论得到了怀尔德·彭菲尔德（Wilder Penfield）的大脑刺激研究的支持。这个著名的实验很吸引人，但也可能造成误导。在对癫痫患者进行手术时，彭菲尔德随机刺激大脑颞叶区域并记录患者报告的"记忆"（Penfield & Perot，1963），一些患者令人震惊地报告了详细的感觉丰富的图像。不过彭菲尔德因夸大了他的发现而遭到了批评。似乎只有不到 10% 的患者在被直接刺激大脑时报告了"记忆"，并且没有一个得到验证，也就是说并没有方法能区分真实记忆和刺激诱发的幻觉（Squire，1987）。

1960 年左右，科学家开始推测存在两种不同的记忆系统：长期记忆，以及一种新的分类，称为**短期记忆**（short-term memory）。那时还没有关于这两类记忆在大脑中的位置或大脑系统如何管理它们的理论，但是很明显，短期记忆与长期记忆依赖不同的大脑系统。这就是现在被广为接受的大脑的多重记忆系统（multiple memory system）概念的雏形（Nadel，1994；Schacter，1996）。

短期记忆可以用于记住一个电话号码，从看到它或听到它，到拨打它；也可以用于记住考试前一晚"临时抱佛脚"记住的试题答案；还可以用于记住服务员的脸。这些事通常很快就会记不住，就像写在电脑屏幕上的文字，如果不保存在文件中很快就会丢失。这似乎是件好事，它可以防止大脑被塞满大量不必要的信息——十年来每晚吃的晚餐、看到的每一句广告语，等等。让人无奈的是，随着年龄增长，短期记忆往往开始减弱："我刚刚想要做什么来着？""就在嘴边，但一下子想不起来了……"

顾名思义，长期记忆涉及那些永久存储的信息项目——不管它们是否会被带回到意识层面。

然而，比起信息储存的时长，记忆本身要复杂得多。**哪些**项目被存储、存储在**哪里**、大脑**如何**实现存储——了解这些内容，对于进一步理解记忆是非常必要的。

内隐记忆和外显记忆

20 世纪 80 年代末和 90 年代初，多重记忆系统的概念被广泛接受。在此期间有一个重要发现，即两种新型记忆：**外显记忆**（explicit memory）和**内隐记忆**（implicit memory）。这两种不同的记忆系统，区分出了哪些类型的信息要被存储以及它们是如何被提取的。表 2.1 为外显和内隐记忆系统的对比。

表2.1 记忆的分类

	外显记忆	内隐记忆
过程	有意识	无意识
信息类型	认知 事实 大脑的 言语/语义的 操作描述 逐步描述	情绪的 状态 身体的 感觉的 自动语言技能 自动步骤
介导边缘系统	海马体	杏仁核
成熟时间	3岁左右	出生时

	外显记忆	内隐记忆
过程	有意识	无意识
创伤性事件和/或闪回中的活动	被抑制	被激活
语言	构建叙事	无言

本表类似于霍夫德斯塔（Hovdestad）和克里斯蒂安森（Kristiansen）的表（1996，第133页）。

外显记忆

人们平时说到的"记忆"，通常指的是外显记忆，有时也被称为**陈述记忆**（declarative memory），它由事实、观念和想法组成。当一个人有意识地思考某事并用语言描述它时——无论是讲出声的，还是在自己脑海中的——都是在使用外显记忆。外显记忆依赖于口头或书面语言，即话语；语言对于外显记忆的存储和提取都是必需的。某个观点、某个想法、某个故事、某个案例的事实、讲述奶奶家的周日晚餐……这些都是可被存储在外显记忆里的信息项目。然而，外显记忆不仅仅是事实，它还包括记住那些需要动脑筋的、与逐步叙述有关的操作，例如解数学方程式或烤蛋糕。正是外显记忆使得人们可以讲述某个人的人生故事、描述一场事故、将经历转化为文字、构建一个按发生时间排序的事件表、提取事件的意义。

创伤性事件（甚至可以说任何事件）的外显记忆，包括以连贯的叙事来回忆和细述事件。外显记忆的存储涉及某个事件在一个人的人生时间线上的历史位置。目前有学者猜测，某些 PTSD 的发生，一部分原因可能是创伤性事件的记忆被以某种方式从外显记忆存储中除去了。

内隐记忆

外显记忆依赖于语言，而内隐记忆则绕过语言。外显记忆涉及基于想法的事实、描述和操作；而内隐记忆涉及的过程和内部状态是自动的。内隐记忆的运作是无意识的，除非它与外显记忆衔接，从而使人们有意识地叙述或理解所记住的操作、情绪、感觉等。

内隐记忆，最初被称为**程序记忆**（procedural memory）或**非陈述记忆**（nondeclarative memory），与习得程序和行为的存储及回忆有关。如果没有内隐的程序记忆，完成某些任务就会费事费力还适得其反。骑自行车就是最好的例子：内隐记忆使人能够不假思考地骑自行车。虽然我们可能有当时学骑车的外显记忆——通常是母亲或父亲扶着车后座，并在旁边跟着跑——但人在骑车时一般不会运用明确的外显记忆。如果仅依靠外显记忆来骑车，就必须构建一个叙事，好比按照食谱写出的每一步来做饭：

> 我站在自行车的右侧，面向它。我用手抓住车把，然后右脚踩地，左腿跨过车身，笨拙地把左臀靠到车座上；自行车向右倾斜。我继续用双手握住车把，弯曲右膝，右脚蹬地；同时，我将臀部的重心向左移，坐到车座中心。

我飞快地踩下左踏板，将其向前蹬，再向下蹬。当我这样做时，右脚踩着的右踏板开始向后和向上移动。当它翘起来时，我用右脚斜踩右踏板，脚趾朝上，向前和向下蹬它。我的双脚轮流，一直向前和向下蹬两个踏板；自行车向前移动。我在车座上坐直，通过保持头部挺起、臀部左右移动来控制平衡……

没人能通过如此明确的叙述来骑自行车，这样他们也永远到不了任何地方。显然，明确地记住这样一个程序是费力的。因此，内隐记忆就有很多优势。

但是，当涉及创伤性事件的记忆时，与外显记忆无关的内隐记忆就可能造成麻烦。创伤性事件似乎更容易被记录在内隐记忆中，因为杏仁核不会受控于抑制海马体活动的应激激素。无论觉醒程度有多高，杏仁核似乎都一直能发挥作用。在某些情况下，令人不安的情绪、令人烦扰的身体感觉及令人困惑的行为冲动都可能存在于内隐记忆中，但人们无法获取它们产生的前因后果或它们提示的信息。

条件记忆

条件记忆是一类内隐记忆，涉及通过**经典条件反射**（classical conditioning，CC）或**操作性条件反射**（operant conditioning，OC）习得的行为。这些理论你可能很熟悉，因为通常在基础的心理学课程中会学到。这两者都可能参与 PTS 和 PTSD 患者的习得性创伤反应。

经典条件反射

由伊万·巴甫洛夫（Ivan Pavlov）发现的经典条件反射，涉及将已知刺激与新的**条件刺激**（conditioned stimulus）配对，以引发被称为**条件反应**（conditioned response）的新行为。在巴甫洛夫的著名实验中，他教一只饥饿的狗对铃铛做出生理性的反应，好像铃铛就是食物。在向狗提供食物前，他反复摇铃（条件刺激）。当然，狗在看到和闻到食物时会流口水——这是一种正常的反应。这个流程被重复了很多次，最终铃铛与食物联系在了一起。然后巴甫洛夫去掉了食物刺激，只摇铃，狗再次流了口水（条件反应）——不需要再给狗提供食物就引起了现在的条件反应（Pavlov，1927；1960）。曾经对食物刺激的正常反应变为对铃声的条件反应：

铃声→关联到食物→流口水　　**变为**　　铃声→流口水

经典条件反射与对 PTSD 的探讨关联尤其密切。这一过程很可能依赖**创伤触发**（traumatic trigger）现象背后的机制。简而言之，在创伤性事件中，许多线索都可能与创伤相关联，而类似的线索会在之后引发相似的反应（条件反应）。例如，如果一位女性被一个穿红色（条件刺激）衬衫的男人强奸（刺激）了，并且非常害怕（反应），她可能后来在看到红色（条件刺激）时就会变得恐惧（条件反应）。如果她的大脑中明确记录了足够多关于强奸的信息，她也许能建立联系并减少反应："嗯，是的，红色让我害怕，因为它会让我想起被强奸的事。"然而，即使她不记得某一项或多项信息，她仍可能有反应，这是经典条件反射下内隐记忆的结果：在没有认知、事实思维的情况下也会做出自动反应。在创伤案例中，这种反应是非常让人痛苦的。触发因素（在本案例中是"红色"）通常会触发强烈的反应。除非自发地或在心理治疗的帮助下建立相关联系，否则一个人不会意识到触发因素导致了这种反应。

　　创伤触发现象的另一个问题是它们很难被追踪。经典条件反射可以创建条件刺激链，使得单个触发因素（条件刺激）可能与原来的刺激—反应场景相距好几代。只需将铃铛与灯光（第二个条件刺激）配对，就可以让那只在铃声响起时流口水的狗学会在闪光时流下口水。在上述"强奸"的案例中，同样的情况也可能发生。那位女性后来走在一条街上，经过某家布店，橱窗里是一排红色（第一个条件刺激）布料。走过布店后没几步，她的心脏开始猛跳（条件反应），感到头晕目眩。她不知道自己怎么了，焦虑升级为惊恐发作（panic attack）。如果她对导致恐慌的原因没有清晰的头绪，她可能会（有意或无意地）寻找所谓的合理解释并得出结论：那条街上的某些东西一定是有危害或不安全的。她可能后来就会避免经过那条街（第二个条件刺激）。如果这种模式在没有干预的情况下继续下去，她最终可能会因出门走到任何一条街上而惊恐发作（第三个条件刺激），并变成广场恐惧症，根本无法出门，却不知道为什么。当然，这并不是广场恐惧症的唯一解释，但是导致它形成的一个非常合理的场景。经典条件反射相关的创伤触发的泛化，会造成越来越严重的心理限制、回避，并最终导致衰弱。[查理将对攻击他（条件刺激）的狗的恐惧，泛化到所有类型的狗（第二个条件刺激——无论它们长什么样（大或者小）、行为如何（凶猛还是温驯）。任何狗的出现都会使他的生活受到限制，即使狗在远处或正被主人的皮带拴着，也会导致他心跳加速、冒冷汗。]

没有记忆的记忆。经典条件反射有助于弄清楚：人如何在不回忆创伤性事件的情况下对创伤性事件的提醒物做出反应。一个有意思的早期心理学案例提供了简单但非常有趣的例证。

20世纪初，法国医生爱德华·克拉帕雷德（Edouard Claparede）的一位女患者因脑损伤无法创造新的记忆。这个患者每次见到医生都像是第一次见面。她从不记得他，即使最后一次见面只是在几分钟前。出于好奇，克拉帕雷德医生设计了个实验。有一次，他走进治疗室，伸出手习惯性地打招呼，然而这次他在手掌中藏了一个大头钉。像往常一样，她握了他的手，但出于对突然的疼痛做出的反应，她立即缩回了手。医生随后探视该患者时，她拒绝同他握手，但说不出原因（Claparede，1911；1951）。

如果你熟悉记忆系统理论，就很容易理解这件看似不寻常的事。事实上，克拉帕雷德的患者能创建新的记忆，只不过不是外显记忆而已。通过经典条件反射，先前的中性行为（握手）与条件刺激（疼痛）配对，导致了条件反应（在疼痛和恐惧中缩手）。这种条件反应只靠一次刺激就建立了。当医生再次出现时，患者拒绝与他握手（条件反应）。她的内隐记忆系统完好无损（这不是开玩笑），她的手记得被刺痛过，她的手臂记得缩躲，她不想再握手了。她确实认出并记住了医生，虽然不是以我们平时概念里的"识别"和"记忆"的方式。

操作性条件反射

操作性条件反射，最早是在 B. F. 斯金纳（B. F. Skinner）的研究中提出的，它包括通过正强化和 / 或负强化的因果系统来塑造行为。行为矫正（behavior modification）就是基于操作性条件反射。在一个经典的斯金纳式实验中，一只鸟被教会用它的喙压踏板来得到食物。每次当它执行了实验者想要的行为时，也就是用喙压下踏板，它就会得到几粒谷子。一开始得到谷子是个随机事件——鸟第一次是不小心啄压踏板——它很快就通过食物奖励学会并产生了联系，将行为变成了自动的。这只鸟便可以在它想要更多食物时，故意压下踏板。

随机行为→奖励→条件行为→奖励

训练动物演员完成看似不可能的任务，也是通过同样的方法。想要它们做的行为会被分解成小步，它们每做到一步都得到奖励，比如顺时针转圈：首先转脚，然后转头，然后再转半圈，等等（Skinner，1961）。

操作性条件反射被有意或无意地用于各行各业以塑造各种行为。可取的行为受到奖励（积极反应）便增加了频率；不可取的行为受到惩罚（消极反应）便会降低频率或完全消失。对于人类，操作性条件反射是塑造孩子、朋友、同事、配偶等每个人行为的常见机制。一旦行为被塑造，促进被塑造行为的过程就会从意识中消失（假如它曾经在意识中），而被塑造出的行为则留在了内隐记忆中。许多行为和习惯，最初都是由操作性条件反射形成的，例如学会说"请"和"谢谢"。赞美、愉悦和联络会让某种行为的频率增加；而批评、痛苦和孤僻则会减少它。

创伤性事件会通过操作性条件反射来塑造行为。当这种情况发生时，对压力的适应性反应就会得到发展。例如，一个人在公共场合演讲有障碍，其原因也许能追溯到他在童年期自信地进行演讲引发了暴力报复。当与惩罚联系在一起后，自信演讲的自然冲动就会消失。如果面对需要公开演讲的情况——即使是商务会议——他就可能受到焦虑或惊恐发作的折磨，症状包括心跳加速、出冷汗、呼吸困难等。

当诸如身体虐待、家暴、乱伦或酷刑的创伤性事件反复发生时，个体在精神上、情绪上及行为上的应对策略可能是：变得对这些习以为常，从而不再尝试其他选择带来的可能性，即使在压力较小的情况下也是如此。那些在儿童期或青少年期被骚扰或殴打过的人，在后来可能更容易受到性虐待或性暴力的伤害，因为他们保护自己以及做出（身体上的和语言上的）反抗的自然冲动被压制了。尽管有大量证据表明当下的情况已经改变，但关于会被他人伤害或自己失败可能的预测会一直顽固地存在。比起在较小压力下形成的行为和信念，在创伤性事件中形成条件反射的行为和信念似乎具有更强的持久性。在创伤性环境中，即使生存策略只有过一次失败或受惩罚的先例，也足以让这种行为从一个人的日常生活中完全消失。

好在操作性条件反射也可以反过来发挥作用。当用于应对创伤性威胁的策略成功时，它们会变得更容易获得并且更有可能被再次使用。有时，这被称为**压力免疫**（stress inoculation）。

状态依存回忆

状态依存回忆（state-dependent recall）是与创伤记忆相关的另一个重要现象。如果当下的内部状态复制了先前创伤性事件期间产生的内部状态，那么与该事件相关的细节、情绪和其他状态都会被自发地回忆或启动。这一理论常被应用于学习行为，即认为在受药物或酒精影响的特定状态下学到的信息，只有在相同条件下（同样的物质影响）才能被更好地回忆起来（Eich，1980；Reus，Weingartner & Post，1979）。一些大学生提供了一个很好的例子：他们试图利用这种现象来提高通过考试的可能性，因此采用的策略是在学习时吃巧克力，然后在考试时也吃巧克力，来增加对困难材料的回忆。然而，我们并不知道，使（如学生所报告的）这种策略成功的，是由血糖升高引起的内部状态、可可中的兴奋物质，还是关于巧克力的心理联想。当然了，这也可能只是爱吃巧克力的大学生编出来的放纵借口。

状态依存回忆也可能不请自来地发生。能够让人想起原先创伤反应的内部状态（心率或呼吸加快、特定情绪等）将某种创伤带回到意识层面的情况并不少见。这个过程可通过多种经典条件反射的外部触发因素来启动：视觉、味觉、触觉、嗅觉等；它也可通过运动、兴奋或性唤起来激发。任何创伤反应的提醒物都可能是催化剂。

相同身体姿势的条件刺激，也有可能引发状态依存回忆。这个内容没有被放在文献中讨论过，但它是这一理论的逻辑延伸，也是一个成熟的研究领域。来自姿势本体感觉神经（postural proprioceptive nerves）的反馈可能与内部感觉的本体感觉神经具有相同的记忆能力，它在药物或酒精作用下，必须参与状态依存性回忆（参见下一章中关于本体感觉的讨论）。要求来访者重复他在创伤前和创伤期间的身体姿势，通常会带来细节意识。但是，对于这种技术必须谨慎使用，因为它很容易激发过多让来访者无力应对的回忆（见第五章）。与姿势相关的状态依存回忆也可能在不知不觉中被引发，例如，当一个受过身体虐待的孩子在玩耍时，如果被另一人的膝盖不经意或非有意地撞到，他就会僵住或者尖叫。（查理的创伤回忆就是被他右腿上的压力和他右眼看到的狗触发的——再现了被狗袭击时的两种情景。状态依存性的触觉和视觉提醒物引发了他的反应。）

记忆和PTSD

PTSD 似乎是一种记忆出错后的障碍。患有 PTSD 的人无法根据他们所经历的事件来理解自己的症状。他们进一步受到状态依

存性触发因素和 / 或其他与其创伤有关的经典条件反射的困扰。他
们创伤经历的时间飘忽不定，在他们的人生时间线上没有固定的
位置。

　　从躯体方面理解记忆，可能会为理解 PTS 和 PTSD 的特殊记
忆特征提供线索——这也是下一章的主题。

第三章

• • •

什么是躯体记忆？

躯体记忆及其与创伤后应激障碍的关系

身体对那些创伤的记忆，并不只是看得见的疤痕。

韵与理

有位老奶奶，她住在鞋中。

她子女众多，她无所适从。

她竭尽所能，却永难看破，

到底何为因，究竟何为果。

——皮特·海恩（Piet Hein）

　　本章提出了两个问题：躯体记忆是什么？理解这一现象如何有助于治疗 PTSD 和其他与创伤相关的疾病？内隐记忆系统是躯体记忆的核心。患有 PTSD 的个体，同时遭受着汹涌而来的图像、感觉和行为冲动（内隐记忆）与背景情境、概念和理解（外显记忆）的折磨。我们希望，更好地理解躯体记忆和内隐过程有助于将内隐和外显记忆系统（将在第八章进行讨论）联系起来。

躯体记忆依赖于体内神经系统的通信网络。正是通过神经系统，信息才能在大脑和身体的所有部位之间传递。对神经系统组织结构的基本了解将有助于理解躯体记忆现象。

　　与创伤相关性最高的三种神经系统是：感觉神经系统、自主神经系统和躯体神经系统。我们将分别对每一种神经系统进行讨论，并在"情绪和身体"部分做出总结。图 3.1 说明了人体中枢神经系统的结构。

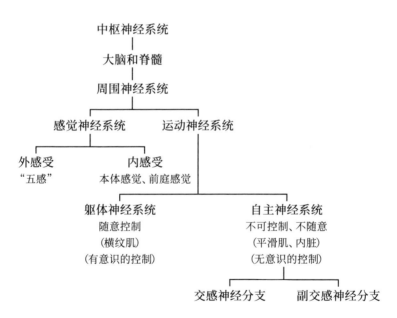

图3.1　中枢神经系统的结构

此示意图改编自各种类似的图解。

记忆的感觉根源

感觉神经系统与记忆有很紧密的关系。神经系统通过突触传递从身体周围和内部收集的感觉信息，再通过丘脑传到大脑皮质的躯体感觉区。这是记忆的第一步，即信息的处理和编码。其中一些信息会被存储，以供在将来相关情况下参考或提取；而大部分信息永远不会被存储，且很快就会被遗忘。

经历的总和，以及所有的记忆，都是从感觉输入开始的。正是通过感觉，人才能感知世界。它们向大脑提供关于内外部环境状态的持续反馈。也正是通过感觉，现实才得以"形成"。

花点儿时间去意识正出没于你身体的大量感觉信息。首先，注意你的外部环境。你正站在、坐在或躺在某种平面上，如果不看它，你能分辨出它是软还是硬、是冷还是暖吗？你的耳朵听到了什么声音？光线是否足以让你轻松看到本页的文字？你能感觉到你的手正拿着这本书吗？注意封面和书页给手的感觉：封面是光滑的还是有纹理的？外部环境还包括衣服给皮肤的感觉：你的衬衫是光滑的还是毛糙的？休闲裤是舒服的还是太紧了？现在的气温是否与你所穿的衣服相适宜？

你的内部环境呢？不用照镜子，你能估计出你的肩膀、背部、颈部和头部的位置吗？你的哪个部位正朝着哪个方向倾斜或扭转？你坐直了吗？你是放松还是紧张？注意，你会时不时移动位置，即使只是轻微的移动。哪些感觉会导致你改变姿势以保持舒适？你的脚是不是麻了，脖子是不是开始疼？你可能还会注意到嘴里是否有味道：是甜味、酸味、咸味、烟味，还是苦味？你能意识到有什么气味吗？随后你可能就会逐渐专注于另外的体内感觉，这些感觉会告诉你，你饿了、渴了、累了、不安、僵硬、想上厕所，等等。

所有这些输入的信息，甚至更多，一直不断地被传到大脑——无论是否有意识。这些线索中的每一个，无论来自体外还是来自体内，都是一种感觉。

感觉的组织结构

身体有两个主要的感觉系统：**外感受**（exteroceptive）和**内感受**（interoceptive）。外感受器（exteroceptor）是通过眼、耳、舌、鼻和皮肤，从身体外部环境接收和传递信息的神经。内感受器（interoceptor）是从身体内部，也就是从内脏、肌肉和结缔组织接收和传递信息的神经。

外感受系统

外感受系统可能是你最熟悉的系统。它包括通过基本五感——视觉、听觉、味觉、嗅觉和触觉对来自体外（外部环境）的刺激做出反应的感觉神经。所有的外感受器都会对外部环境大大小小的变化做出反应。一个人通常会在一两种感觉上更灵敏，或对某些刺激具有更高的敏感性。某种感觉神经受损的人（如视力或听力受损者）经常会通过提高其他一种或多种感觉的敏锐度来弥补他们的缺陷。例如，视力受损的人通常听力非常敏锐。

　　你最容易接收五种感觉信息中的哪一种？什么容易引起你的注意？当听到奇怪声音、闻到特殊气味或有什么东西突然掠过你的视野时，你是否会变得特别警觉？你是否容易感到皮肤表面的细微感觉？也许你易于接收的信息不止一种，但你可能更喜欢其中的一种。在你的记忆中，哪一种感觉最活跃？你更容易记住一顿饭的味道、气味还是摆盘？你更偏视觉性、听觉性还是触觉性？当你独自一人时，回想你的爱人：你对他或她的长相、声音或触摸会有更强烈的印象吗？

内感受系统

　　内感受系统包括对来自体内的刺激做出反应的感觉神经。内感受有两种主要类型：**本体感觉**和**前庭感觉**。本体感觉还包括**运动感觉**（使人能够在空间中定位其身体的所有部分）和**内部感觉**（反馈身体状态，如心率、呼吸、内部温度、肌肉紧张和内脏不适）。前庭感觉帮助身体保持平衡，并与重力之间保持舒适的关系。

运动感觉

当你闭上眼睛，运动感觉使你能够用指尖触摸自己的鼻尖。这个小任务作为清醒测试而广为所知，但完成它其实是一件惊人的壮举。谁要是怀疑它，可以坐在朋友旁边，试试闭上眼睛去摸朋友的鼻子。成功地定位自己的鼻子，依赖于肌肉和骨骼结缔组织输入的信息，而这些信息表明了一个人的手臂、手和手指的高度和角度。另外，完成这个任务还需要一个内部感觉大纲，用来定位一个人身体所有部分的位置，以记录鼻子在哪里。而当目标是触摸他人的鼻子时，个体可以利用前者，但无法利用后者。运动感觉还通过标识腿和脚在任意给定时间点的位置，使人能够行走。正是运动感觉让学习以及执行各种运动任务和行为成为可能。

运动感觉的重要性，可以通过一个失去它的例子被最好地说明。《美国心理学会通讯》（*APA Monitor*）发表过一个有意思的案例（Azar，1998）：一名男子因病毒感染而失去了触觉及本体感觉的运动感觉部分。尽管他所有的运动功能都完好无损，但他如果不靠眼睛看就完全不知道自己身体的位置，甚至无法站立。最终，他还是做到了在一定程度上弥补损失。经过多年试错，他学会了相对正常地移动和行走、将玻璃杯送到嘴边等，依靠视觉来提供那些曾由运动感觉神经提供的线索。但是，如果他站着的时候灯灭了，失去了视觉线索，他就会瘫倒在地板上，直到有人打开灯才能站起来。没有视觉的帮助，他就不知道如何将手掌放在地板上，并将肘部抬高过手直到某个角度，以利用杠杆原理获得足够的力将自己向上推。此外，在没有视觉的情况下，他也不知道如何把脚放下来、放在哪里，无法合适地调整双脚以承重或保持平衡。他失去了对简单的、通常是自动的动作和程序的内隐记忆。这种情况极为罕见，但相关研究有助于我们了解感觉对日常生活的重要性。

运动感觉是内隐的程序性记忆的核心。它使人能够学习并记住如何做某事。它会关注手、手指、脚和躯干的位置以及它们是如何移动的，然后进行复制，例如走路、骑自行车、滑雪、打字、写字或跳舞。在我们清醒时，运动感觉会自动发挥作用。虽然运动感觉通常是无意识的，但你可以提高对它的意识：

> 闭上眼睛，看看你能多准确地描述你当前的身体姿势。例如，注意右臂的角度。你的手掌朝上还是朝下？你的左脚朝外还是朝内？你的头朝哪个方向倾斜？你还可以尝试让朋友将你的身体"塑造"成不同姿势，看看你是否能准确说出肢体各部分摆放的位置和方式。下次你坐下来写字或吃东西时（这对你来说通常是一个自动过程，存储在内隐记忆中），试着用不同的方式来做这件事。换一种方法或换另一只手握住钢笔或叉子。你现在还可以不加思考就能写字或吃东西吗？你很可能无法做到了。如果一种行为没有被存储在内隐记忆中，它的顺利完成就将取决于有意识的努力。

内部感觉

内部感觉记录了身体内部环境的状态：心率、呼吸、疼痛、内

部温度、内脏感觉（visceral sensation）和肌肉张力。觉得心里
"七上八下"，或是肚子疼，这些都是我们熟悉的内部感觉。"直觉"
（gut feeling）就是内部感觉的总和。内部感觉有助于识别和命名我
们的情绪。每一种情绪——恐惧、愤怒、羞耻、悲伤、喜爱、沮丧
或快乐——都伴随有一组离散的身体感觉，是由大脑中的模式化活
动刺激引发的。这种身体和大脑中的情绪生物学现象，被称作情感
（affect）。

　　你能不用把脉就感觉到自己心跳有多快吗？你能感觉
到你的呼吸吗——在哪里，有多深？现在你身体的哪个部
位感到紧张或放松？再尝试用另一只手吃饭或写字，注意
你的内脏反应和肌肉张力的任何变化。你有没有觉得哪里
不舒服？你的肩膀或手臂的张力有变化吗？如果有，那就
是内部感觉在提醒你注意，正常程序有所变化。然后改回
以正常方式写字或吃饭，注意内部警报是否相应被解除。
还记得上次尴尬时你的脸热了吗？你生气时的感觉又是怎
样的？你的肩膀会紧张吗？

　　内部感觉是神经学家安东尼奥·达马西奥的躯体标记理论的基
础。他提出，情绪体验是由响应各种刺激而引发的身体感觉组成
的。这些感觉及其相关情绪被编码，然后存储为与最初唤起它们的
刺激相关的内隐记忆（经典条件反射）。当类似的刺激出现时，情
绪和感觉的记忆被触发，让人进入回忆——尽管它们的起因并不总

能被记住（Damasio，1994）。例如，如果某人吃了某样东西并生病了，当他下次看到、闻到同样的食物时，就可能会感到某种程度的恶心。一段时间之后，这种强烈的反应可能会消退，但他可能会继续对那种食物产生一种自动厌恶，甚至可能忘记自己不喜欢的根源："哦，不，谢谢，我从不吃那个，我只是不喜欢它。"达马西奥的躯体标记理论将在本章最后一节进一步讨论。

前庭感觉

前庭感觉是对人体姿势与地心引力关系的感知。它的感受器位于内耳的中心，当受到干扰时，可能会导致头晕或眩晕、晕动病，或者失去平衡。这种感觉特别敏感的人，可能会感到移动所致的一切细微差别。例如，在飞机飞行期间，这样的人会注意到飞机每一个轻微的转弯和倾斜，而其他人只有望向窗外时才会注意到这一点。

许多游乐园都有这样的景点，它会利用视觉和前庭感觉之间通常的协作关系"欺骗"游客。位于加利福尼亚州南部的诺氏百乐坊乐园（Knott's Berry Farm）的鬼屋便是一个例子。人走过这座静止的建筑物时无法保持平衡，必须扶住栏杆以免跌倒。导游说这是因为这幢房子建在了一个地心引力非凡的地方。不过导游会以特定的角度倾斜站立，他们自己穿过这个地方倒是没有一点儿问题。这种景点的秘密在于，看似正常的建筑结构实际上是倾斜的：地板、屋顶和墙壁倾斜 20 或 30 度；桌子、椅子、挂画等也以同样斜度放置并固定。因为眼睛看得见，所以一般人就会依靠视觉线索来确定重力的方向。但在这个例子里，混乱就由此产生了：人会试图直接按自己看到的情况确定重力方向，但闭上眼睛，前庭感觉就会启动，告诉我们哪里是"上"。导游是跟着前庭感觉的信息走的，这正是他们斜着站的原因。但是，他们永远不会让游客那样做，否则就会穿帮。

躯体记忆和感觉

以上讨论的每一种感觉，都与一般记忆，尤其是创伤性记忆的躯体基础密切相关。我们对某种经历的第一印象，通常来自我们的感觉——包括内感受和外感受。这些印象并非被编码为文字，而是被编码为躯体感觉：压觉、温觉、痛觉、触觉和本体感觉（关于运动、位置、行为等的感觉）。

如果类似的感觉输入被复制（状态依存回忆），有时就会引出以感觉形式存储在内隐记忆中的事件相关记忆。日常生活中有很多这样的例子，几乎每个人都有过被一首歌、一种味道或一股气味触发的基于感觉的状态依存回忆。"哦，天哪，我已经有好多年没想起来了！"这样的经历有时是积极的，有时是消极的，但确实一直在发生。

感觉记忆和创伤

感觉记忆对理解创伤性事件的记忆是如何形成的至关重要，正如巴塞尔·范德考克所说："身体从未忘记。"（Bessel van der

Kolk，1994）创伤性事件的记忆可以像其他记忆一样被编码，无论是外显的还是内隐的。然而，通常患有 PTS 和 PTSD 的人会缺少必要的外显信息，因而无法理解令他们痛苦的躯体症状（身体感觉）大多是对创伤的内隐记忆。缺少的信息各不相同：对一些人来说，可能是特定的事实或已被遗忘的事实；而对另一些人来说，可能是能将手头已有事实组合成有意义的、能引发"原来如此！"这种感叹的关键点。创伤治疗的目标之一就是帮助这些人了解他们的身体感觉。他们必须先在身体层面感受和识别它们，然后必须用语言来命名和描述它们，叙述在当下的生活中，这些感觉对他们而言有何意义。虽然并非一直有效，但有时这样做或许能让他们弄清感觉与过去创伤的关系。

PTSD 患者的困难之一就是**闪回现象**，它涉及使人高度困扰的有关创伤性事件的内隐感觉记忆的重演，有时伴有外显的回忆，有时没有。这种伴随而来的感觉非常强烈，以致受折磨的个体无法区分当下的现实和过去的记忆，他们感觉回忆中的事件好像现在正在发生。（第六章会谈及一些帮助患者使用感觉意识来区分当下现实和过去记忆的方法。第八章中会谈及停止闪回的方案。）

闪回可以通过外感受系统和／或内感受系统来触发。看到、听到、尝到或闻到的东西都可能作为提醒物启动闪回。某种来自身体内部的感觉也很容易触发闪回。记忆特定位置、动作或意图的肌肉和结缔组织的感觉信息可能是触发的来源，这种情况并不少见。例如，一个遭遇过强奸的妇女还是可以与她丈夫做爱，除非采用能让她联想到强奸的姿势；在创伤性事件中被引起过的一种内部状态，如心率加快，也可能成为触发因素。一些患有 PTSD 的人不太擅长有氧运动锻炼，就是因为锻炼时的心率加快和呼吸急促，会使他们隐隐想起那种伴随着创伤恐惧的心率加快和呼吸急促。咖啡、茶、可乐或黑巧克力中的兴奋剂导致的心率加快，这对某些人来说也可能是个问题。这些都是由状态依存回忆导致的触发因素的例子。以下案例摘录（接第一章中的内容）将做出详细说明。

查理和狗（二）

　　查理低声呼唤我。我转过身，看到他正坐在我右侧地板上的垫子上，整个人都不好了。他的身体完全僵住——双臂夹在身体两侧，双腿伸直向前——他几乎无法说话。拉夫安静地躺在查理身边，头靠在他的膝盖上。他好容易喊出了一句："我现在很苦恼，我很怕狗。"我问他能不能把拉夫移开，或者他自己走开，但我明白这是不可能的，他显然确实僵住了（强直静止）。在一个小组成员的帮助下，我设法让拉夫离开了查理，但他还是僵在原地。后来，在治疗干预时（过程将在第八章中描述），我们谈到刚刚发生的事情，查理肯定地认为，拉夫的嘴放在了他之前被咬过的大腿上，而不是他的膝盖上。事实上，当他发现拉夫刚刚是把它的头放在了他的膝盖上时，他非常惊讶。查理的反应是由触觉和视觉的外部感受刺激引起的。

拉夫与查理右腿的接触，再加上查理从右侧外周视野的一瞥，足以让查理想起之前的创伤遭遇，从而引发他的创伤状态——他的身体在瞬间想起了那次攻击。

这个例子说明了由特定状态相关条件引起的状态依存回忆。令人意外的是，查理是这个静修中心的常客，尽管他之前有意避开了拉夫，但也曾经多次遇到过它，不过从未发生任何意外。他之前从未被触发，是因为从未出现过正好的刺激组合。

自主神经系统：过度觉醒与"战斗－逃跑－僵住"反应

大脑的边缘系统也被称为"生存中枢"。它通过调控 HPA 轴的运作来应对极端的压力、创伤或威胁，释放激素，告诉身体要为防御行动做准备。下丘脑激活自主神经系统（ANS）的交感神经分支（SNS），使其进入一种高度觉醒状态，让身体为战斗和逃跑做好准备；随着肾上腺素和去甲肾上腺素的释放，呼吸和心率加快，血液从皮肤表面流向肌肉，皮肤因而变得苍白，这是身体在为快速移动做准备。当战斗或逃跑都被认为不可能时，边缘系统会命令 ANS 的副交感神经分支（PNS）同时进入高度觉醒状态，并强直静止（有时被称为"僵住"），也就是像一只老鼠濒死时（松弛）或是一只青蛙、一只鸟麻痹时（僵硬）的状态（Gallup & Maser，

1997)。如前所述，目前尚不清楚 HPA 轴发生了什么导致身体僵住，而不是战斗或逃跑。

在 PTSD 的情况下，皮质醇的分泌不足以阻止警报反应，于是大脑就会像在压力、创伤或威胁之下那样持续做出反应。目前尚不清楚哪个是首要驱动因素——是大脑中的持续威胁感知，还是皮质醇不足？无论如何，结果都是一样的：边缘系统继续命令下丘脑激活 ANS，坚持让身体为战斗、逃跑或死亡做准备，即使实际的创伤性事件（也许是在几年前）已经结束。PTSD 患者的身体处于 ANS 长期激活的状态（过度觉醒），导致出现很多躯体症状，而这些症状正是焦虑、恐慌、虚弱、疲惫、肌肉僵硬、注意力不集中和睡眠障碍的原因。

这是一个恶性循环，它最初是为了生存而启动的，但最后却成了一种持续的身体功能障碍。在创伤性事件期间，大脑会警告身体注意威胁，而在 PTSD 情况下，大脑会持续发出和回想起同样的警报，刺激 ANS 进行战斗、逃跑或僵住的防御反应。脉搏加快、皮肤苍白、出冷汗等曾是防御所必需的保护性反应，现在却变成令人痛苦的障碍症状。对巴甫洛夫的狗来说，一种原本中性的刺激物（铃声）与食物产生了关联，于是引发了对食物正常的生理反应（分泌唾液）。在 PTSD 情况下，也会发生同样的事。物体、声音、颜色、动作等原本可能是微不足道的中性刺激，但它们在通过经典条件反射与创伤性事件相关联之后，就导致了创伤性过度觉醒。这些刺激于是成了被内部体验为危险的外部触发因素。当对外部安全的认识与感到威胁的内在体验不一致时，混乱就会产生。症状可能会变成长期的，也可能被急性触发。打破这个恶性循环，是治疗PTSD 重要的一步。

在正常情况下，ANS 的 PNS 和 SNS 这两条分支相互平衡（见表 3.1）。

表3.1　自主神经系统（平滑肌，不随意）

交感神经分支（SNS）	副交感神经分支（PNS）
在积极和消极的应激状态下活跃，活跃状态包括：性高潮，愤怒，绝望，恐惧，焦虑或惊慌，创伤	活跃状态包括：休息和放松，性唤起，幸福，生气，悲痛，忧伤
显著标志： 呼吸加快 心率（脉搏）加快 血压升高 瞳孔放大 肤色苍白 出汗增多 皮肤发冷（可能是湿冷） 消化能力（和肠蠕动能力）减弱	显著标志： 呼吸变得慢且深 心率（脉搏）减慢 血压下降 瞳孔收缩 肤色泛红 皮肤干燥（通常温暖） 消化能力（和肠蠕动能力）增强
在实际的创伤性事件或闪回中（视觉、听觉和／或其他感觉） 为快速移动做准备，从而引起可能的战斗反射或逃跑反射	在实际的创伤性事件或闪回中（视觉、听觉和／或其他感觉） 可以与导致强直静止的交感神经激活共同活跃，同时掩盖交感神经激活，即僵住反射（像被猫捉住的濒死的老鼠） 特征是交感神经与副交感神经同时表现出高度激活

SNS 主要在应激状态下被唤醒，包括积极的和消极的。PNS 主要在休息和放松、愉悦、性唤起等状态下被唤醒。两个系统始终

处于忙碌状态，但通常一个活跃，另一个就被抑制——就像天平的两臂，当一边向上时，另一边则向下。换句话说，在正常情况下，它们不断交互地平衡摆动（Bloch，1985）。以下场景说明了 SNS 和 PNS 的交互平衡：

你睡得很安稳，PNS 处于活跃状态，SNS 被抑制。然后你醒过来，发现把闹钟设置错了，上班已经迟到了一个小时。SNS 爆表，你的心跳加速，立刻清醒了。你行动迅速——淋浴、穿衣，然后跳进车里，加速上路。当你到达第一个拐角时，你会注意到教堂塔楼上的钟，并意识到这是冬令时开始的周末，钟已经被往回拨了一小时，事实上你压根儿没迟到。SNS 渐渐被抑制，PNS 活跃起来了。你的心率减慢，可以更轻松地呼吸，更轻松地继续旅程。然而，当你开始工作时，你发现今天的第一个工作会面约重了，你有两个被气得暴怒的客户要接待，SNS 再次活跃起来，抑制了 PNS。

这种情况贯穿日常，SNS 和 PNS 处于摇摆式交互平衡状态，以应对日常生活中各种一贯的压力和需求。然而，在最极端的应激形式，即创伤性应激下，情况就会有所不同。首先，边缘系统会命令 SNS 让身体做好战斗或逃跑的准备；但假如做不到——没有足够的时间、力量和 / 或耐力来做到，接下来边缘系统就会命令身体僵住。

最常见的僵住实例，是被猫抓住时"濒死"的老鼠。该意象对于许多在面对致命威胁时僵住的 PTSD 患者来说都很有用，因为他们所面临的情况可能与老鼠的困境及其生理反应相似。出于本能，如果老鼠的边缘系统预估它可以逃跑，它就会逃跑。与所有面临威胁的动物一样，它的 SNS 会急剧激活以满足战斗或（在这种情况下）逃跑的需求。但是，如果老鼠被困住了，或在它试图逃跑的过程中被猫抓住了，老鼠就会"濒死"。它会失去肌肉张力，像布娃娃一样。根据戈登·盖洛普（Gordon Gallup）和彼得·莱文（Peter Levine）的研究，这种张力减退反应的可能机制（**强直静止**）是 ANS 的异常失衡。在这种极端情况下，SNS 将保持激活状态，而与此同时 PNS 变得高度活跃，掩盖了 ANS 的活动，导致老鼠"濒死"。从进化的角度来看，这样做有几个目的，其中包括让猫失去兴趣（猫科动物不吃死肉，除非它们饿了）来获得逃跑的可能性。此外，镇痛也是强直静止、身心麻痹的重要功能。如果猫真的吃了老鼠，它在"濒死"状态下，死亡的痛苦和恐惧会大大减轻（Gallup & Maser，1977；Levine，1992；1997）。

当人类受到致命威胁时，类似的事似乎也会发生。对从高处坠落或被动物咬伤的幸存者的访谈表明，他们往往会进入另一种不会感到恐惧或痛苦的状态。强奸是又一个极好的例证。有一种很典型的现象是，遭受强奸的受害者在某些时刻会变得无力抗拒，身体软弱无力——许多人报告说，自己在那段时间里处于另一种状态。强奸受害者因此产生了可怕的羞耻和内疚。我不断听说有强奸案因为受害者没有反抗而被法庭拒绝受理的消息，并深感愤怒。"濒死"和无法反击是对身体暴力（如强奸和殴打）的常见反应（Suarez

& Gallup，1979）。一个人会如何本能地应对危及生命的情况，取决于许多因素，包括这个人自己的直觉以及身体和心理资源。布鲁斯·佩里及其同事推测，男性对威胁的反应更多是战斗和逃跑，而女性和儿童更多的是假死或僵住（Bruce Perry，1995）。他们的理论是有道理的，因为男性通常比女性和儿童拥有更多的体力资源——在力量、速度和敏捷性方面都更胜一筹。此外，这可能是习得性行为，因为男性和女性习惯对威胁做出不同的反应。这一领域的研究也很成熟。（查理在受到攻击时昏倒了，目前尚不清楚昏厥是不是一种强直静止的形式，但这可能是 ANS 崩溃的结果。）

　　了解 ANS 的功能有助于解释 PTSD 患者对应激的脆弱性。某种程度上，PTSD 的特征就是 ANS 长期过度觉醒，一直在应激。ANS 具有正常平衡能力的人，能随着觉醒度的提高和降低而波动：当新的压力出现时，ANS 的觉醒度从很低或没有转变为更高，然后会在处理好压力后再次降低。而对于那些患有 PTSD 的人来说，情况就不同了：当 ANS 的觉醒度一直很高时，增加新的压力会使它变得更高，很容易越过极限，使患者感到崩溃。许多患有 PTSD 的人都熟悉这种障碍，他们想知道自己为什么不能像其他人或是过去的自己那样处理日常压力。

躯体神经系统：肌肉、运动和运动感觉记忆

　　躯体神经系统（somatic nervous system，SomNS）负责通过骨

骼肌收缩进行的随意运动。了解 SomNS 的功能，有助于理解创伤性事件通过姿势和动作的编码被内隐式记忆的机制。

基本来说，肌肉唯一能主动做的就是收缩，这也是它该做的。当肌肉通过为其服务的神经收到冲动时，它就会收缩。内脏肌收缩的冲动主要由 ANS 的神经传递，而骨骼肌收缩的冲动是由 SomNS 的神经传递的。只要肌肉不断接收到神经冲动，它就会不断收缩。例如，当举起重物时，某些肌肉会被刺激收缩，并保持收缩状态直到物体被放下。肌肉紧张是一个由肌肉长时间收缩构成的主动过程。放松通常也被认为是一个主动的过程，人们会说"嘿，放松一点儿"，但实际上它是一种被动状态，没有神经冲动，也没有肌肉收缩。

要以任何方式、向任何方向移动身体的任何部位，都至少需要收缩一块骨骼肌。

看看你的左手掌。试着将左手小指与其他手指分开，不要移动手掌其他部分或其他手指。

这个很小的动作，是由上句中词语引发的神经冲动完成的。冲动从大脑出发，沿尺神经（ulnar nerve）传递，导致左手的**小指展肌**（abductor digiti minimi）收缩，使小指远离其他手指。当手指没有故意移向一边时，它会向着其他手指回缩。这个很小的动作，实际上是由小指展肌的不收缩（松弛）引起的。

大多数身体运动要比这个动作复杂得多，要通过多次、同时或连续的肌肉收缩和不收缩来完成。

接下来试着移动你右手的食指，慢慢去摸你的鼻子。

这种简单的运动，实际上是由数次肌肉收缩（有些是连续的，有些是同时进行的）和不收缩构成的。特定的肌肉被刺激收缩，从而完成伸出手指、合拢手掌、转动手、弯曲肘部和抬起手臂的动作；同时，其他肌肉必须保持不收缩（放松），以使手臂弯曲，并让肘部移动，远离身体。所有这些元素，对完成看似单一的、简单的从食指到鼻子的触摸动作来说，都是必需的。正是 SomNS 控制着运动和运动感觉，从而确保了其准确性。

行为、运动和身体程序都是通过 SomNS 进行的，它们经由内感受神经、本体感觉神经被感知。对于要被编码和记录为内隐记忆的运动，这两个神经系统都是必需的。躯体神经引起运动，内感受神经给你感觉。正是内感受系统让你知道你在做正确的动作，尤其是当你没察觉到自己在做什么时。

对于那些要保存在记忆中的新程序、运动或行为，肌肉、肌腱和骨骼结缔组织（韧带和筋膜）的本体感觉神经会将有关位置、姿势和动作的信息通过传入神经传递给大脑。为了使旧的程序性动作或行为重新投入使用，这些相同的图式需要被激活，然后通过传出神经、SomNS 和本体感觉神经系统，传递到适当的肌肉和结缔组织中。SomNS 将促成完成运动所需的肌肉收缩，本体感受神经将反馈动作的正确性。

当一个新的行为序列被习得时，与该学习经历（无论是积极的还是消极的）相关的图像会同时被储存。当相同的行为序列被重复时，人们有时就会回忆起这些图像。

你教过孩子系鞋带吗？我去年教过，并且我记得那个过程有点儿令人恼火。因为多年来我一直在系自己的鞋带，这事是完全自动的。我花了几分钟来想自己是如何做到的，然后又花了些时间才可以将这个动作传授给我的孩子。我尽量简单地描述了从前的我如何变得能够不假思索就系好鞋带。孩子对这个过程有了认知后，我需要进一步放慢速度，把它分解成孩子能跟得上的小步骤。多年来，不假思索地，每只手都"知道"要拿哪根鞋带、以哪种方式将一只手翻到另一只手上，等等。努力思考自己在做什么并进一步解释它，这是巨大的挑战。我有时会感到困惑，而在这个过程中，突然想起我父亲也这样教过我系鞋带。这些图像是由情境、主题、重复的动作，还是由所有这些元素的组合触发的呢？终于，我可以很好地用慢动作解释和演示系鞋带的过程。孩子饶有兴趣地看着，并试着复制我的一举一动。当然，这对她来说是新的东西，她试了很多次才把它系对，又做了好几次才可以一直系对，但她必须全神贯注于手指每一步都在做什么。到了第二个星期，她才真正会了。这次经历让我认真地思考了一下：当她长大后，同样在教孩子系鞋带时，是否会回想起我教她时的画面？在重复这些相同动作时，她是否会想起我？

创伤，防御和躯体神经系统

为了做出战斗、逃跑和僵住等反应，自主神经系统要与其他系统一起，引导血液从内脏和皮肤流向肌肉。躯体神经系统则负责指导肌肉组织进行这些反应。没有它控制肌肉快速而有力地收缩，人们就无法战斗，也无法逃跑，更不会有僵住（强直静止）状态。

防御行为可能是本能的，也可能通过教导或调节习得，就算是本能的防御反射，有时也得通过教育形成。例如，一些早产的孩子会缺失"掉落反射"（falling reflex），但他们中的许多都可以经过教导获得它——学会伸出手和手臂来接住掉落物。在这种情况中，就必须训练特定的神经冲动，直到身体能对掉落的信号做出自动响应。

其他一些种类的训练，还可以大大帮助个体为应对特定类型的压力或创伤性事件做准备，从而提高自信心。例如，许多被性侵过的女性和男性，都会从防身术训练中受益，这种训练重新唤醒了正常的战斗反应，并使个体学会了另外的保护策略。防身术训练是通过反复练习防御动作来完成的，基于受到威胁时会自发重复的突触模式。

学校和职场中的安全感，也取决于自动反应和行为的形成。火灾、地震和其他类型的应急演习，通过排练精确的行为（去哪里和做什么）和特定的动作（如钻到桌子下）来防止恐慌。

操作性条件反射在这里也起作用。战斗、逃跑和僵住反应不仅仅是本能行为，而且会根据在实际使用中的成功与否，产生积极或消极的影响。当防御行为成功时，它被记录为"有效"；在将来受威胁的情况下，使用相同行为的可能性会提高。比方说，如果一个男孩被一群混混骚扰，但他成功地保护了自己，那他长大后更有可能在受到威胁时采取防御姿态；然而，如果他被霸凌者制服了，而且当时僵住了，那他长大后受到威胁时，则更有可能僵住。行为并不总是需要重复编码和存储，与创伤性事件相关的行为可通过SomNS立即存储。在某些情况下，只需要发生一次创伤性事件，防御行为无论是无法进行还是失败了，都会从个体的保护性技能清单上被抹去。（参见第五章中丹尼尔的案例，那就是在治疗过程中将行为重复当作资源的一个例子。第八章中查理的治疗结论也说明了这一原则。）

创伤性记忆的回忆和躯体神经系统

你刚在客厅，想要拿某个东西。你走进厨房，然后……"我进到这里是要做什么来着？"你挠挠头，爆了句粗口。你不记得自己想做什么了。你想破脑袋，回到起念的地方，假装用当时的姿势坐着——"啊哈！现在我想起来了！"

这种回忆策略不是永远奏效，但它大多数时候还是很有效的，所以许多人使用它。恢复一种特定的有助于回忆的身体姿势，也就是人在某种想法产生时保持的姿势——在这个过程中发生了什么？上面的例子就是状态依存回忆概念的一个实用的应用。如前所述，状态依存回忆理论认为，如果你回到一条信息被编码时所处的状态，你就可以恢复那条信息。虽然状态依存回忆通常讨论的是内部状态，但它与姿势等外部状态也非常相关。

　　有时状态依存回忆可以通过 SomNS 被触发，方法是无意（或有意）摆出创伤情境中固有的姿势。当有目的地使用这种方法时，它有可能帮助回忆和 / 或重建行为资源，例如重复摔倒或车祸中涉及的动作。但是，当状态依存回忆随机命中时，就可能会导致混乱。

　　　　一位 30 多岁的妇女，因与丈夫做爱时产生恐慌而寻求治疗。她的一条手臂很偶然地被按在了她的身下，处于一个尴尬的位置，这引发了她早已抛于脑后的被强奸的记忆。强奸犯当时将她的同一条手臂按在她身下的同样的位置。

　　通常，由 SomNS 引起的动作可以用来有意地促进状态依存回忆。密切关注动作的细微差别也很有用。以下案例就说明了，关注看似微不足道的动作为何会有促进创伤治疗的潜力。

　　　　四年前，卡拉 3 岁的女儿夭折了。卡拉一直困扰于对疾病的恐惧，无法谈论孩子的死，也无法走出失落。在一次治疗中，卡拉提到了某次看病的经历，她记得那次特别痛苦，但想不起为什么。在卡拉说话时，我看到她的头朝右边轻微地抽搐。我让她注意这一点。她以前没意识到，但由于我提了出来，她注意到了。我鼓励她尽可能放开动作。慢慢地，这个动作的幅度变大了，变成明显的头部向右转。当卡拉的头完全转过去时，她哭了起来。她想起来了，那次看病时，她面对医生坐着，但在她的右边是关乎她女儿命运的 X 光片；她无法正视它。正是在那次看病的经历中，卡拉第一次知道，她女儿将无法活下去。对于帮卡拉摆脱对引起她丧女之痛的诊断的恐惧来说，建立这种联系是重要的一步。

SomNS 在创伤经历中起到多种作用。它能通过会导致特定位置、动作和行为的肌肉收缩的繁简组合来执行战斗、逃跑和僵住的创伤防御反应。SomNS 还会与本体感觉配合，将创伤经历编码并存进大脑。当那些相同的位置、动作和行为被有意或无意地复制时，躯体回忆就会被唤起。

情绪与身体

情绪虽然是由大脑阐释和命名的，但整体来说，它是身体的一种体验。每种情绪在观察者看来都是不同的，并且具有不同的肢体表达。每一种情绪的特征都通过面部和身体姿势中可见的骨骼肌收缩的离散模式（躯体神经系统）表现出来。每种情绪在身体内部也有不同的**感觉**。内脏肌肉收缩的不同模式可以被识别为不同的身体感觉（内部感觉），然后这些感觉通过本体感觉神经传递到大脑。情绪在身体外部的表现（如面部表情和姿势）能将情绪传达给环境中的其他人；情绪在身体内部的感觉则将情绪传达给我们自己。很大程度上，每种情绪都是由大脑皮质阐释并由感觉神经系统、自主神经系统和躯体神经系统相互作用所产生的结果。

在区分有意识的情绪体验和身体感觉时，英语的表达就有点儿让人困惑。"感觉"（feel）这个词通常代表两种意思：**我感觉**难过；**我感觉**喉咙里有个肿块。也许"感觉"一词能代表两种体验并非偶然，这是一种语义识别，即情绪是由身体感觉组成的。不过，摆脱这种困惑的一个可能的方法就是区分感觉、情绪和情感。唐纳德·内桑森（Donald Nathanson）解决了这个难题（1992）。他将情感界定为情绪的生物学方面，将感觉界定为有意识的体验。他认为，记忆是产生情绪的必要条件，而情感和感觉可以在没有先前经历记忆的情况下存在。

情绪以某种方式与身体相关联，这不足为奇。在许多语言的日常用语中都充满了表达情绪与身体、心灵与躯体之间联系的短语。以下是一些美式英语中的例子：

愤怒 "He's a pain in the neck."（"他让人脖子痛。"——他真招人烦。）

悲伤　"I'm all choked up."（"我整个噎住了。"——我哽咽了。）

厌恶　"She makes me sick."（"她让我想吐。"——她真恶心。）

幸福　"I could burst!"（"我快要爆炸了！"——我好激动！）

害怕　"I have butterflies in my stomach."（"我感到蝴蝶在肚子里飞。"——我心里七上八下的。）

羞耻　"I can't look you in the eye."（"我无法直视你的眼睛。"——我都不好意思看你了。）

情绪的身体感觉也有这种共性——情绪引起的身体感觉有：

愤怒　肌肉紧张，尤其是下巴和肩膀

悲伤　眼眶湿润，如鲠在喉

厌恶　恶心

幸福　深呼吸，叹气

害怕　心脏狂跳，发抖

羞耻　越来越燥热，尤其是脸上

而且每种情绪都伴随有典型躯体行为：

愤怒　喊叫，打斗

悲伤　哭泣

厌恶　别过身去

幸福　大笑

害怕　发抖，逃跑

羞耻　躲藏

　　当然，许多面部和肢体的情绪表达都很容易被观察者识别（尽管有些更微妙）：

愤怒　脸红脖子粗

悲伤　眼睛泛红，流泪

厌恶　撇嘴，皱眉

幸福　（各种）微笑，两眼放光

害怕　瞪大眼睛，颤抖，脸色苍白

羞耻　脸红，目光躲闪

　　从生命离开子宫的那一刻起，情感表达就开始了。当新生儿呼出第一口气时，那种特有的哭声可以被解读为情感的第一次表达。新生儿的情感能力有限，起初只能区分不适和舒适，用哭泣回应前者，用平静回应后者。在生命的最初几周，不同情绪的范围也有限。然而，婴儿收集的情绪数量很快就会增加，并区分从不适到舒适这一范围内的细微差别。

　　关于情绪的理论模型有许多种。关于个体的情绪如何命名是有争议的，尽管大多数模型的列表中都会包括某种形式的"愤怒""悲伤""害怕""厌恶""幸福""羞耻"。当然，个体对自己情绪的命名有所不同，这取决于其家庭和文化中如何标记情绪。然

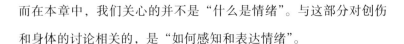

而在本章中，我们关心的并不是"什么是情绪"。与这部分对创伤和身体的讨论相关的，是"如何感知和表达情绪"。

情绪-身体联系的历史发展

查尔斯·达尔文的跨文化调查

查尔斯·达尔文（Charles Darwin）是第一个系统化研究人类情绪的普遍性以及情绪表达的躯体特征的科学家。1867年，他调查了一个国际化的群体，其中有传教士以及生活在世界各地不同文化环境中的人：土著居民、印度人、非洲人、美洲原住民、中国人、马来人和锡兰人。为了解情绪类型及其可观察的表达在不同文化中是否一致，他提出了一些具体的问题。他发现，不但情绪能跨越不相关甚至孤立的文化，这些情绪的躯体表达也是同样的（Darwin，1872；1965）。达尔文的著作毫无疑问地证实了，不管在哪里，人的情绪和身体都是密切相关的。

西尔万·汤姆金斯的情感理论

西尔万·汤姆金斯（Silvan Tomkins）的情感理论与他的第一个孩子同时诞生。当他目睹这一重要事件时，他被婴儿的情绪爆发吸引住了，惊叹于婴儿同成人哭起来何其相似。受此驱动，他的研究范围扩大到情绪表达的代际相似性。他最感兴趣的是通过肢体表达来对情绪进行分类——不仅注意面部表情，还有身体姿势。后来唐纳德·内桑森让汤姆金斯的理论更进了一步（Nathanson，1992）。

约瑟夫·勒杜的情绪脑

约瑟夫·勒杜（Joseph LeDoux）关于身体与情绪的理论很有名，且受到高度认可。他认识到大脑与身体间的彼此依赖，以及情绪的肢体表达。他认为，情绪的进化性功能与生存有关——无论是为了应对恶劣环境，还是为了生育繁衍后代（LeDoux，1996）。

安东尼奥·达马西奥的躯体标记学说

神经学家安东尼奥·达马西奥对那些情绪相关脑区受损的个体开展研究。他发现，情绪是理性思考所必需的，此外，身体感觉会暗示情绪意识。他的结论认为，为了能做出理性决策，人们必须能感受到该决定的后果——仅仅认知层面的判断是不够的，能**感受**到才重要。

根据达马西奥的理论，情绪是在不同程度体验到的感觉的集合，有积极的也有消极的，它们构成了他所谓的**躯体标记**，用于指导决策。也就是说，身体感觉是情绪的基础，是权衡后果、决定方向及识别偏好的基础。

躯体标记功能最为人熟知的例子，就是人们每天根据"直觉"做出的各种选择。

情绪的躯体基础

以下由四部分组成的练习，旨在帮你亲身体验情绪的躯体基础。

一、现在花一分钟测查一下你身体的感觉。注意你的呼吸，关注其位置和深度。你的皮肤温度是多少？它是否始终如一？自测你的心率，或者测测脉搏；看看你肩膀的位置，你是在耸肩、塌肩，还是驼背？你是紧张的还是放松的？注意你胃部的感觉，是放松、紧张、焦虑、饥饿，还是什么？最后看看你是不是正在用特别的方式移动、扭曲、倾斜你的身体，或是任何身体部位。

二、想想愤怒的情绪。还记得你上次生气时是怎样的感觉吗？你为何生气，为谁生气？你当时说了什么，想了什么？你现在还生气吗？再次测查一下你的呼吸、皮肤温度、心率、肩膀位置，以及紧张程度、胃部感觉。同时注意你的位置、姿势或动作。与上次相比，你的自主体征、肌肉紧张度及举动方面有没有变化？

三、想想你感到开心和安全的某个时刻。你当时在哪儿，穿了什么，和谁一起？用尽可能多的视觉、听觉和感觉图像来呈现当时的场景。现在你的身体是什么感觉，跟生气时相比有变化吗？肌肉紧张度一样吗？心率呢？现在你在笑吗？

四、想想你害怕的某个时刻（想那些你只是有点儿害怕的情况即可，别去想糟糕的创伤性事件）。是什么让你害怕？如今想起它，你感觉如何？呼吸、心率有变化吗？肌肉是紧张的还是松弛的？手脚冰凉吗？

在结束这个实验前，再次回想你感到安全快乐的时

刻。那时你在哪儿、和谁、一起干什么？现在你感觉
如何？

情绪和创伤

愤怒 / 暴怒

愤怒是一种自我保护情绪，可能是为了防止受伤或明确某种界
限；它也是在受到威胁、伤害、恐吓，或面对让自己害怕的人时的
常见反应。当面对极端威胁，或是当喊"不行！""住手！"也没
用时，愤怒就会升级为暴怒。当愤怒或暴怒在创伤后变成长期性
的，人的日常生活就会出现障碍。不恰当的或没有被正确疏导的
愤怒，会干扰人际关系和工作稳定性；而激怒他人本身就可能是一
种危险。比如说，有多少"路怒症"是由未解创伤的脾气暴躁引
起的！

焦虑 / 害怕 / 恐惧

害怕会提醒人注意危险或潜在的伤害。害怕和焦虑都是 PTS
和 PTSD 患者的常见情绪。勒杜将两者区分开来：他认为，害怕是
由某种环境刺激造成的，而焦虑则是由自我内部激发的。他还认
为，害怕是恐惧症（phobia）、焦虑性障碍（anxiety disorder）和
惊恐障碍（panic disorder），以及强迫症（obsessive-compulsive
disorder，OCD）这几种心理障碍的幕后推手。

恐惧是害怕最极端的形式，它是创伤体验的核心，是感知到生

命受威胁的反应。恐惧的生物学原理，与本章之前讨论过的 HPA
轴和交感神经系统的唤醒有关。一旦创伤结束，恐惧通常会减弱
成害怕，即使对那些在创伤后余波里的人来说，也是如此。但在
"闪回"期间，恐惧又会恢复其原有强度。

PTS 和 PTSD 患者面临的一个问题是，害怕在威胁消退后仍会
长时间存在，并经常和他们所处环境的各方面有所牵连。曾让他们
感到害怕的外部威胁，成了内部产生的焦虑。就像之前讨论过的，
这可能是皮质醇分泌不足引起的，也可能是对威胁的持续感知所
致。无论什么原因，结果都是让人越来越衰弱。当害怕被泛化，它
就失去了本身的保护功能。当一切都被视为危险时，人们就无法区
别出真正的危险。这就好比如果警报器一直响，你就不知道危险到
底什么时候来。PTSD 患者通常会反复陷入危险境地，他们内部的
警报系统不堪重负以至于失去功能。创伤治疗的目标之一，就是重
建害怕情绪的保护功能。

羞耻——对自我的失望

羞耻是在任何情况下都很难处理的一种情绪。因创伤而产生的
羞耻尤其如此。PTSD 患者的症状通常有很大一部分伴随着羞耻。
如果创伤是由性虐待或强奸造成的，它们引起的 PTSD 通常就会被
预测伴有羞耻感，而其他情况下，这种预测则较少。那么，为何说
羞耻也是其他创伤的共同特征呢？几乎在所有未解创伤中，患者都
会这样自我拷问："为什么当时我不能阻止对方（做更多努力、反
击、逃跑等）？"也许某种程度上，PTSD 患者坚信他们让自己（也

许还有其他人）失望了，并且/或者他们认为是自己哪里出了问题才成了受害者。当然，羞耻并不是 PTSD 的唯一驱力，但可能是很重要的一个。

羞耻的一个棘手之处在于，它的表达和释放似乎跟其他感觉不大一样：伤心和悲痛通过哭泣释放；生气通过大喊大叫和跺脚释放；害怕通过尖叫和发抖释放。那么，当羞耻没有被释放、发泄或宣泄时，做些什么可以减轻它呢？接受和与他人联系似乎是减轻羞耻的关键。虽然看上去没有被释放出来，但羞耻似乎在某种很特别的情况下逐渐消失了——不带偏见地接受与他人的联系。

在研究羞耻时，要重视它的两面性。通常，羞耻被视作一种糟糕的情绪，因为它让人感觉非常不舒服。谁愿意感到羞耻呢？但是，羞耻就像其他所有情感一样，具有生存意义。比方说，害怕是提醒我们有危险，而生气是警告其他人不要得寸进尺（字面义或比喻义）。那么羞耻的生存意义是什么？从进化角度看，羞耻似乎有助于让个体的行为更适应"群体生存"的文化规范。它使个体社会化。在很多文化中，羞耻是公认的社会化组成部分。几千年来，羞耻一直是当一个人的行为不仅威胁到自己而且威胁到整个群体的时候，引发的一种情绪。要阻止自己以可能伤害自己、家庭及所在群体的方式行事，羞耻是要素之一。事实上，它可能是良知形成的基础。作为一种情感，羞耻也不全是坏事。众所周知，"接受"是解决任何不想要的情绪状态的第一步，而将羞耻视为有积极作用的，可能有助于实现这一步骤。

悲　伤

悲伤是对失去或变故的一种反应，它是治疗创伤和 PTSD 的重要资源。就其本质而言，悲伤标志着某种经历已成过去。创伤来访者在治疗过程中进入悲伤阶段通常是一种积极的信号。有时，来访者会担心悲伤是创伤的回归，但恰恰相反，它往往是康复的过程。大多数来访者随治疗探究身体意识时会注意到，悲伤有助于让他们感觉更稳定——越悲伤反倒越不恐惧。悲伤通常出现在创伤治疗的不同阶段中，创伤的某个方面得到解决、来访者的内部体验从现在时变为过去时的时候，例如，来访者说"我当时真的很怕""当时真的很糟"的时候。这种情况下，悲伤就是创伤正在愈合的标志。

整合与瓦解的情绪性表达——一种建议

宣泄（catharsis）和发泄（abreaction）常常交替使用，用来描述心理治疗环境下的情绪表达。宣泄，实际上是指当令人不安的记忆被带到意识层面时情绪的净化能力。发泄，则是常伴随宣泄出现的情绪释放。不管如何称呼，这些情绪性发作都必须引起重视，尤其是对创伤来访者而言。

关于发泄在治疗 PTSD 时是否有用，业界一直存在分歧。当来访者大哭或发火时，我们并不总能分辨出这些情绪到底是有用还是在帮倒忙。是否应该允许和鼓励发泄，经常成为辩论的焦点。不管怎样，相应的问题是：发泄到底什么时候有用，什么时候没用？

这场辩论，为一个重要的研究领域指明了方向：如何区分整合性发泄和瓦解性发泄。这两种情绪表达，一种是具有治疗性和整合性的，而另一种可能是瓦解性的，且并会再次造成创伤。在治疗过程中观察自主神经系统（ANS）的唤醒，是否能成为区分这两种情绪表达的关键？

　　有疗效的整合性发泄也许可以通过副交感神经系统唤醒来识别：皮肤有血色，呼吸很深沉，呼气时伴有情绪化的声音。与之相反，瓦解性发泄则可通过交感神经系统的唤醒来判断：皮肤苍白，有时出汗，呼吸急促不平稳，情绪化的声音大多出现在吸气时。通过观察 ANS，区分不同类型的发泄，我们可以大大推进和简化治疗过程。

第四章

• • •

有些创伤其实未被真正记忆？

创伤性解离与闪回

我已经忘记了那些痛苦的过去，可它们却不请自来。

创伤性解离和**创伤性闪回**，是 PTSD 最突出的两个特征，也是令人痛苦的身心症状的根源。就像前文所说的，解离和某种形式的闪回，几乎出现在所有 PTSD 病例中，并且经常同时出现。尽管没有发生闪回也有可能发生创伤性解离，但如果发生闪回，就一定发生了某种形式的创伤性解离。

　　如前所述，解离意味着意识的分裂。在创伤性事件中，创伤者可能会把创伤经历的各个要素分离开，以有效减少其影响。解离过程涉及对创伤经历部分或全部的分离，包括对事实和顺序的叙述，以及生理和心理的反应。最为人熟知的解离类型是不同程度的失忆，此外还有其他类型。有的人可能会变得麻木，感觉不到疼痛；有的人可能切断了情感；还有的人可能失去了意识或是感觉自己像行尸走肉。当整个人格与意识分离时［分离性识别障碍（dissociative identity disorder，DID）］，就可能发生最极端形式的解离。之后，类似这些和 / 或其他的反应可能仍然发生，个体在压力之下继续麻痹自我，情感淡漠，或在焦虑时像"丢了魂"。

闪回是对创伤性事件部分或全部的重演，最常见的是视觉和听觉上的闪回。但闪回一词也适用于以某种方式复制创伤性事件的躯体症状。不管有没有真的涉及感觉系统，闪回都让人非常痛苦，因为感觉就像创伤在不断重新发生。

PTS 和 PTSD 患者对创伤性事件的记忆不同于非创伤性事件。创伤性记忆其实还没有被真正"记住"。一般来说，"记忆"意味着把一件事归入一个人的历史——也就是人的生命线上的某个位置。记忆将一段经历放入过去，如"我记得当时……"，而 PTS 和 PTSD 患者的创伤性记忆则游离在时间线上，以猝不及防的"闪回"形式不请自来。

解离与身体

解离一词成为心理学词汇已经超过一百五十年了。它最早是为了理解癔症，由莫罗·德图尔（Moreau de Tours）在 1845 年创造的（van der Hart & Friedman，1989）。1887 年，皮埃尔·让内（Pierre Janet）在他的文章《系统化感觉缺失和解离的心理现象》（Systematized Anesthesia and the Psychological Phenomenon of Dissociation）中，进一步发展了这一概念。让内可以被称为"解离之父"，他在这一领域的研究为当今的理论奠定了基础。他假设，意识是由不同层次组成的，其中一些在可觉察的范围之外存

在。20 世纪后半叶，让内的著作被重新发现，并应用于现代的解
离和 PTSD 理论（van der Hart & Friedman，1989；van der Kolk，
Brown & van der Hart，1989）。

虽然解离这个概念被使用了很久，而且关于它如何发生的猜测
有很多，但其发生机制尚不清楚。它似乎是在极端应激下发生的神
经生物学现象，但我们不知道它到底是身心为减轻创伤后果而做的
尝试，还是创伤的次生危害。解离也有可能是在个体无法逃跑的情
况下，其精神所做的一种逃避的尝试（Loewenstein，1993）。

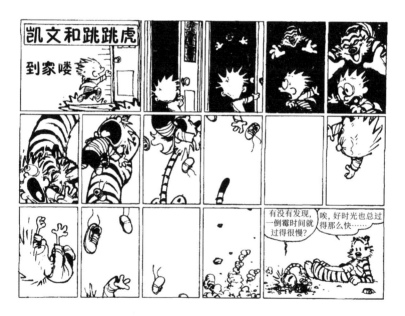

图4.1　凯文和跳跳虎（1992，作者：沃特森）

环球出版集团版权所有，经允许转载。

自述在创伤性事件中出现解离现象的人说："就像我离开了自

己的身体。""时间变慢了。""我死了，感觉不到任何痛苦。""我能看到的就是那把枪，没有其他东西。"创伤者在创伤性事件发生后很长一段时间内，仍能持续感到解离，"自己像在旁观"。在苏·格拉夫顿（Sue Grafton）的小说《G：侦探》（"G" is for Gumshoe）中，主人公金西·密尔虹在差点被枪击后的几小时内，把解离描述为"丢了魂"。

解离现象可能在创伤性事件过后持续多年，也可能在多年之后第一次出现。我们也许可以通过这些来识别它：麻木、闪回、人格解体、部分或完全失忆、体验"灵魂出窍"、无法感受情绪、无法解释的"非理性"行为、脱离现实的情绪反应。有可能，解离以不同形式刺激着每个 PTS 和 PTSD 患者。

解离的SIBAM模型

彼得·莱文的 SIBAM 解离模型最好地概括了解离。它基于这样的假设：任何经历都是由几个要素构成的。对某种经历的完整记忆，需要整合回忆所有元素。SIBAM 即"感觉"（Sensation）、"表象"（Image）、"行为"（Behavior）、"情感"（Affect）和"意义"（Meaning）的英文首字母缩写（Levine，1992），它们被莱文确定为经历的要素。他推测，高度痛苦的创伤性的经历，其元素可以相互分离。这一推测的前提是，不太痛苦的经历会在记忆中保持完整，举个简单的例子，比如关于昨天晚饭的完整记忆：

我吃了顿墨西哥餐，到现在还能感到嘴里火辣辣的（感觉），想到当时盘子里五颜六色的菜（表象），忍不住要咽口水（行为）。想起这顿晚餐，我就觉得心满意足（情感），它是我工作之余的放松（意义）。

与程度更严重的应激有关的记忆，也可以被完整记住：

凯伦在大概 6 岁时从树上的秋千摔了下来。成年后，她在一次治疗过程中描述了这个事故，她记得当时被人从背后推下来："我能感到后背上的那双手，然后是'嗖'地从秋千往下的坠落感（感觉）。我能看到飞出去时的地面，以及摔在地上时的天（表象）。我记得自己有些焦虑，然后是气愤（情感），并且呼吸急促（行为）。我感到自己失控了，因为那个推我的女孩不肯停下来（意义）。"

莱文提出，在某些创伤性应激事件中，构成经历的要素之间的联系会中断。某个 PTS 或 PTSD 患者可能会讲述一个令其焦虑的视觉记忆（表象），以及与之相关的强烈情绪（情感），但不能去理解它（被解离的意义）；某个孩子可能在创伤性事件后，重复某种角色扮演（行为），但没有任何情绪表达（被解离的情感），或看上去根本不记得发生过什么（表象）。

SIBAM 模型的缺点之一是没有把"创伤性解离"和"简单遗忘"进行区分的机制。当然，遗忘也可能只是某种经历不够重要、无法被编码到长期记忆中的结果。

那么，回到记忆系统的概念，在 SIBAM 模型的背景下去理解解离，就容易多了。内隐记忆涉及感觉表象、身体感觉、情绪及自主行为；外显记忆涉及事实、顺序和解决（意义）。解离可能以多种形式出现，因为会有不同的元素组合被解离。当然，除非是完全失忆，否则当一些元素被解离时，其他元素仍会联系起来。图 4.2 为理解 PTSD 的三种症状提出了可能的组合。

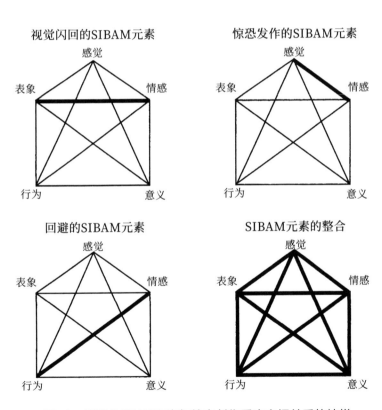

图4.2　解离的SIBAM元素与特定创伤反应之间关系的抽样

粗线条表示关联元素, 细线条表示解离元素。

患有焦虑和惊恐发作的来访者，可能会一直在叙述那些困扰他们的身体感觉，以及由此产生的担心（情感）。他们很难或无法确定：是听到或看到的什么引发了自己的焦虑（表象）？他们需要做什么来减少这种焦虑（行为）？或者，这种害怕到底源于什么（意义）？遭受视觉闪回折磨的来访者，会在看到的图像和恐惧的情绪之间逡巡，无法在当下感受自己的身体（感觉），无法以打破魔咒的方式行动（行为），也无法将记忆融入背景情境（意义）。SIBAM 模型可作为一个有效的工具，帮我们识别经历中哪些元素是相关的，哪些不是。当完成识别后，来访者也做好了心理准备，我们就可以小心地让缺失的元素回到意识中。（查理记得受袭击的大部分过程，他大脑里有受袭击的视觉表象，也非常清楚自己的身体感觉和情绪，并知道这对自己意味着什么。然而，他至少缺失了两个重要的部分，一个是"意义"的一部分——能够区分出攻击他的狗与其他狗不同；另一个是能让他主动保护自己的保护性行为策略。第八章中描述了这些要素最终是如何整合的。）

闪　回

闪回这个词是从 20 世纪 60 年代流行起来的，当时被用来描述使用致幻药物 LSD 后令人不安的感觉体验。在使用药物后的数天、数周甚至数年后，仍有人会再次体验到"致幻之旅"中种种可怕的经历。

创伤性闪回与以上描述非常相似。它可能发生在人清醒时，也可能以噩梦形式出现，干扰睡眠。一位来访者称之为"我醒时做的噩梦"。创伤性闪回是由可怕事件的感觉体验组成的，其真实性和强度之高，让人难以把它同当下的现实区分开来。

视觉和／或听觉方面的闪回是最容易被识别的，因为人们通常能够描述自己看到或听到的东西。而情绪、行为和身体方面的闪回，则不为人所熟知。过度唤醒、过度惊恐反射、其他无法解释的情绪不安、身体疼痛或易激惹等情况，其实都可以很容易地用闪回现象来解释。林迪（Lindy）、格林（Green）和格雷斯（Grace）在1992年发表了关于感觉和行为方面的闪回研究，描述了他们所谓的创伤性事件的"躯体重演"：一位女性反复出现躯体和行为的闪回，涉及一种持续的、令人衰弱的尿急症状，从而导致她反复地、不必要地去洗手间。她的症状和行为都是在一次餐馆火灾后出现的。在那次火灾中，她去洗手间的几个朋友被困去世，而她当时没有便意，就没和他们一起去，于是逃过一劫。"F女士的症状，反复集中出现在这种时刻：她的膀胱没有感觉到压力，于是没有与朋友一起去洗手间；朋友们感到膀胱充盈，于是走向'死亡'。"（Lindy et al.，1992，第182页）这个例子有力地表明，有些人的看起来毫无意义的行为举止，可能与其创伤史有关。不过，一旦提供了缺失的信息，躯体自然而然就会重演创伤经历。某些令医生疑惑、令患者困扰的无法解释的躯体症状，有可能就是身体重演的结果。

行为上的闪回很常见，尽管有时我们很难识别出它们。比起语言表达，幼童更容易在行为上表现出创伤经历，而且有时我们并不清楚他们哪些行为是闪回。例如，一个孩子对另一个孩子进行性骚扰或者肢体伤害，这只是因为他暴力好斗，还是他在重演别人对他做过的事？这是值得科学进一步研究的领域。

闪回与大脑

闪回多种多样。有的涉及在无外显记忆的情况下创伤性事件的内隐记忆的回忆，因此当事人缺乏必要的参考信息来理解或正确看待这种记忆。有的也涉及整个（或部分）创伤性事件发生顺序（包括场景）的外显记忆。几乎所有闪回都包括创伤经历的情绪和感觉，这就是闪回如此令人不安的原因，这也意味着杏仁核是闪回过程的生理组成部分。与此同时，似乎没有海马体信息处理时典型的背景情境特征，这与创伤及创伤回忆过程中海马体被抑制的理论一致（Nadel & Jacobs, 1996；van der Kolk, 1994；等等）。此外，闪回通常是通过经典条件反射或状态依存回忆触发的，这意味着整个神经系统都参与了这一现象。以下是三个例子：

> 罗杰在 20 岁出头时，作为一名新手警察，第一次击毙了一个嫌犯。看着血从那人胸口流出时，他整个僵住了，一直大喊："对不起！你为什么要让我这么做？！"之后他似乎恢复了，并能够很好地应对这种情况，直到两年后，作为第一个到达现场的警官，他目睹了一名男子在争吵中被枪杀。之后到达的警官发现，罗杰在那里大喊大

叫着同样的话。他显然是把现实和回忆混淆了。

对罗杰来说，明显是视觉线索引发了他的闪回，也就是死者胸口流出的血。起初他对自己击毙了嫌犯感到很震惊，无法调和所发生的事情，就选择了忘记，他从表面看起来也不再受困扰了。但显然，情况并非如此。

玛丽 29 岁时，她的女儿塔尼娅刚刚 5 岁。女儿要去上幼儿园的第一天，玛丽突然陷入恐慌，不想让塔尼娅去上学。她把塔尼娅留在家里好几个星期，每天早上，也就是送女儿上学时，她都很恐慌；其他时间，玛丽亚都很好。后来，丈夫说服她去寻求治疗。玛丽亚也不明白自己为什么会这样。在心理治疗中，她才回忆起自己在女儿这个年龄曾在幼儿园被猥亵。当年的报纸证实，一名教师助手确实被指控猥亵了几个孩子。

玛西从小就患有慢性膀胱炎。为了治病，她接受了各种形式的侵入性治疗。虽然她一直记得自己有过感染经历，但随着长大，她不记得看医生的事情了。婚后不久，她就患上了膀胱炎——这对新娘来说并不罕见。在医生检查过程中，她变得过度觉醒，出了一身冷汗，非常恐慌。她无法向医生解释自己的感觉，并且晕倒了。

玛西的感觉闪回，是由感觉和姿势引发的。直到后来，她才有能力把自己的反应与先前的膀胱炎治疗联系起来。显然，那些治疗本身比她记忆中要痛苦得多。

总　结

理解闪回现象是巩固第一部分所涉理论的一个好方法。闪回由解离的、内隐式储存的信息组成，这些信息在状态依存条件下变成外显的。它们可以由内感受或外感受的感觉线索触发，并通过自主神经系统的过度觉醒以及躯体神经系统操控的行为来表达。

在第二部分中，我们将介绍如何避免闪回，以及其他创伤相关症状的治疗原则和技术。

创伤治疗
实践技术
身与心如何走出创伤过去

THE

BODY REMEMBERS

第五章

● ● ●

无害为先

治疗本身也可能造成伤害

别让创伤治疗成为伤口上的盐。

恰到好处的吐司

时间观念是艺术，

绝不能靠猜秒数。

吐司烤到黑烟冒，

不如少烤二十秒。

——皮特·海恩

很多心理治疗师都知道创伤治疗有多棘手——且不去说所运用的理论或技术如何，来访者的崩溃、代偿失调、焦虑和惊恐发作、闪回总是无法避免……问题甚至可能更糟，比如二次创伤的风险。来访者在治疗过程中经历了令人崩溃的闪回，以至于将治疗室误解为创伤场所，将治疗师认作创伤的施害者，这种情况在治疗报告中也很常见。此外，来访者在创伤治疗过程中发生日常生活功能失常的情况也不少见——有些人甚至严重到需要住院。与心理治疗其他领域相比，创伤治疗工作似乎更如履薄冰。我们常私下谈及这种危险，但很少著书成文。

尽管直到 1980 年 DSM-3 出版时，创伤后应激障碍才正式成为可诊断的精神障碍，但创伤治疗中固有的危险并不是新鲜事。1932年，精神分析学家桑多尔·费伦齐（Sándor Ferenczi）在威斯巴登第 12 届国际精神分析大会上发表了一篇激动人心的论文，文中他向同行坦白，精神分析可能会造成二次创伤："我的一些患者令我非常担心且尴尬……（他们）开始被夜间发作的焦虑甚至严重的噩梦折磨，在精神分析会谈中一次次恶化，陷入焦虑的癔症。"（Ferenczi，1949，第 225 页）他承认，同行解释这种现象的通常做法，是怪患者"心理阻抗太强"或"忍受太过严重的压抑，以至于偶尔才能将情绪发泄到意识层面"。他进一步剖析："我不得不听任自我批评。我开始倾听我的患者们……"他还推测，不成熟的解释和未明说的反移情，都会导致治疗过程被破坏，比如，从患者代偿失调到"幻觉中不断重复创伤经历"的情况（Ferenczi，1949）。

在最近一篇同样仗义执言的文章《"减轻"还是"重温"童年创伤？》（Relieving or Reliving Childhood Trauma?）中，夏安诺（Onno van der Hart）和史嘉思（Kathy Steele）提醒我们，直接处理创伤性记忆并不总是有效的，有时会伤害来访者（1997）。他们认为，那些无法忍受记忆导向式创伤治疗的来访者，也许仍可以通过缓解症状、提高应对技巧和改善日常功能的治疗来获益。

创伤治疗变得令人痛苦，到底出了什么问题？当治疗速度超过来访者的承受能力时，他就极有可能崩溃，甚至因治疗而受到二次创伤。当被塞进或引导至意识层面的记忆（如图像、事实或身体感觉）超过了一次性可以整合的量，这种问题往往就会产生。治疗超速的主要标志是它在来访者的自主神经系统中产生的唤醒超过了他的身心处理能力。这就像汽车失控超速行驶，而驾驶员找不到刹车或不会刹车。

关于刹车和加速

　　我教过好几个朋友开车，一般都是在我车里上课。我坐在没有双重控制的乘客座位上，一边有点儿担心自己、学生及我的车的安全，一边以同样的方式开始教学：在学生可以让车发动前，我首先会让她学会如何停车和刹车。

　　我的学生被反复训练将脚移到刹车踏板上，直到不用眼睛看就能自动、准确且自信地执行这套动作。只有当学生（和我）对自己条件反射找到踏板并刹车的能力感到放心时，我才认为她可以安全使用油门，同时（慢慢地）学着加速，并不时踩回刹车，开开停停地行驶。我的学生对正确开车和刹车越有自信，她就越敢尝试在允许的范围内加速。

　　安全驾驶涉及保持谨慎、及时刹车，以及在路况、司机和车况允许的速度下踩油门。安全的创伤治疗也一样。治疗师或来访者都不应加快创伤治疗的进程，除非知道如何"**踩刹车**"——也就是能可靠地、彻底地、自信地放缓或停止创伤治疗过程。

为何要暂停、放缓或停止治疗过程？

PTSD 的症状正在消失。通常，PTSD 来访者会交替出现精力旺盛和精疲力竭的阶段。治疗过程有时很困难，是因为来访者没有足够的精力来专注地面对和解决眼前的问题。减少来访者在治疗过程以及日常生活中的过度觉醒，不仅能使他们得到足够的缓解，还能使他们更加有效地休息。反过来这也将使来访者有更强的能力和更好的方法去面对自己创伤性的过去。

有一种实用的类比，是将 PTSD 患者比作高压锅。未解决的创伤产生了巨大的压力，以 ANS 过度觉醒的形式存在于身心之中。而新式高压锅的设计是：一旦压力升高，你就不可能打开它，如果打开就会爆炸。你必须先慢慢释放压力，一次释放一点点。然后，也只有在这之后，你才能安全地打开任何高压锅。

同样的原理适用于 PTS 以及 PTSD。如果你想在压力极大的情况下让来访者直面创伤，那你就是在"踩雷"——这对来访者可能意味着代偿失调、精神崩溃、重病或自杀。然而，明智地"踩刹车"就能逐渐缓解压力，也会使整个创伤治疗过程的风险随之降低。应根据每位来访者的个人情况进行评估，有些人比其他人更需要随时刹车。理想情况下，治疗节奏不必慢于应有的速度，但也不该快于来访者在维持日常功能的同时所能承受的速度。

评估与判定

确定你正在处理哪类创伤以及哪种创伤来访者，将有助于确定治疗计划。1994 年，莉诺·特尔（Lenore Terr）用"1 型"和"2 型"区分出两种类型的创伤受害者。最初她只将这种分型系统用于儿童。1 型指那些只经历过一次创伤性事件的人，2 型指那些反复受到创伤的人。

特尔的分型系统很适合成人，其进一步的定名则更有用。"特尔 2 型"创伤个体还有两种亚型应该被区别开来。2A 型是具有多重创伤的个体，但他们的稳定背景提供了足够心理资源，令其有能力将每一个创伤性事件与别的区分开来。这一亚型的来访者每次只能谈论一种创伤，因此可以一次解决一个。2B 型个体被多重创伤压得喘不过气，以至于他们无法把一种创伤性事件与另一种区分开。这类来访者开始只谈论一种创伤，但很快就与其他创伤联系起来——往往越说越多。

2B 型来访者又可以分为两类。2B（R）型个体背景稳定，但过多的复杂创伤经历使其无法再保持复原能力。之前提到过马尔特（Malt）和威瑟斯（Weisaeth）所做的一项关于挪威人的研究（1989），其中描述的大屠杀幸存者就是典型的 2B（R）型个体。而 2B（nR）型个体则从未发展出任何复原能力，正如肖尔在论著中描写的那样（Schore，1996）。

之所以要评估来访者的创伤类型，是因为每个人的治疗需求各异，尤其在治疗关系和移情方面。通常，1 型和 2A 型的个体对治疗关系的关注较少，并且对治疗师的移情程度较低。许多人已内化了足够的心理资源，可用于长期的、聚焦移情的关系框架。并不是说移情之类的事不会发生，但就这两类个体而言，治疗关系是次要的，他们对特定创伤记忆的治疗需求才是重点。在初次面谈和评估后，1 型和 2A 型来访者通常可以迅速、直接地进入相关创伤性事件的治疗。

对 2B 型来访者来说，通过治疗关系重建心理资源将是直面创伤记忆的先决条件。治疗关系将帮助 2B（R）型来访者重新认识其原本拥有，但因所承受创伤的复杂性和压倒性而失去的心理资源。至于 2B（nR）型来访者，治疗关系可能就是整个构建潜在心理资源和复原能力的治疗过程。下文关于治疗关系的内容将进一步讨论两类 2B 型来访者的特殊要求。

当讨论创伤来访者时，还有一种类型的来访者值得一提。这类来访者具有 PTSD 的很多症状，却未报告任何符合诊断条件的可识别事件。斯科特（Scott）和斯特拉德林（Stradling）提出了一个附加的诊断类别，他们称之为长期胁迫应激障碍（prolonged duress stress disorder，PDSD；1994）。发育时期慢性、长期的压力（来自忽视、慢性疾病、家庭系统功能失调等）会对自主神经系统造成伤害，达到只差一点儿就要将其推到"战斗-逃跑-僵住"反应的地步。这类来访者的需求通常与 2B（nR）类型的来访者相似。如果他们确实相似，那么最有用的治疗方法可能也是一样的。在这两种情况下，治疗关系都有可能为其注入许多应对技巧和复原能力（正是他们在成长过程中可能缺少的）。

治疗关系在创伤治疗中的作用

创伤治疗可能更倾向于关注个体的创伤性事件，而不是关注创伤对来访者人际关系（包括治疗关系）的整体影响。对有些来访者而言，这种偏差是有益的；而对另一些人来说，这可能是有害的。处理治疗关系在创伤治疗中起到很重要的作用，至少也要简单地进行讨论，以强调创伤来访者的个人需求。

此外，身体在治疗关系中也确实扮演着重要的角色，因为在关注"治疗师-来访者"互动的同时，我们注意到身体可以提供非常丰富的信息。通过观察自主神经系统关于唤醒、紧张模式和有意动作（intentional movement；莱文用这个术语来指代一种轻微肌肉收缩，它可能指示尚未实现的行为意图）的迹象，也许可以洞察治疗师和来访者关系的影响。对于一些创伤来访者而言，创伤会在移情中重演——有时是心理症状（例如不信任），有时是躯体症状（例如第七章中关于治疗距离的案例）。

肖尔认为，治疗关系中的经历主要被编码为内隐记忆，通常会影响该记忆系统的突触连接中联结和附着的相关变化（Schore，1996）。对一些来访者来说，关注治疗关系将有助于通过创造一种积极依恋体验的新编码，来转变关于关系的消极内隐记忆。这种方法一旦成功，来访者就会将照顾关系的一种新表现形式内化入身心。这并不会改变来访者的过去，但当他以后想到关系，或期待进入一种关系时，这将赋予其新的躯体标记（Damasio，1994）。这种方法一旦成功，来访者对治疗师的积极依恋就可以将习惯性回避或对人际关系的恐惧转变为对健康接触的渴望。

治疗关系：前提还是背景？

　　治疗关系对任何心理治疗的结果都至关重要，这一观点已被广泛接受。治疗关系在创伤治疗中也很重要，不过重要性有所不同。有关创伤记忆的直接治疗工作，必须在治疗关系牢靠、来访者感到安全后才能开始。很多来访者相当快地就通过了这个阶段，只需要两次或三次会谈。而有的来访者需要在很多次会谈后，才能对治疗师和治疗过程感到安全。对于这些来访者，接下来的章节中概括的原则和工具，将有助于他们面对治疗师的创伤治疗模型挖掘创伤回忆时带来的痛苦。

　　也有许多受过创伤的来访者，需要很长时间才能在治疗关系中建立安全感。在一些案例中，让来访者在这种关系中感到安全，可能就占了治疗的很大一部分，甚至使直接治疗创伤的工作边缘化了。接下来的两章中概述的资源构建对此类来访者很重要，包括身体意识、"刹车"、肌肉调理、资源建设、界限、双重意识等。尽管不能被直接提起，但是创伤议题是无法避免的。而且，在治疗师和来访者的互动中就可能产生许多创伤性材料。当这种情况发生时，我们可以通过来访者对治疗师发展的移情，以及治疗师自己的反移情反应来处理创伤。这类创伤治疗通常很艰巨，然而当治疗师和来访者都有意愿且能够看到它的结果时，它就将非常有成效。

这些类型的创伤来访者有何区别？为什么治疗关系是他们治疗中更重要的部分？如果治疗师错误判断并不成熟地直接处理这类来访者的创伤，会发生什么？

对 2B 类型的创伤来访者而言，治疗关系最为紧要。此类别中包括了朱迪丝·赫尔曼（Judith Herman）所说的复杂型 PTSD（1992）。正如前文讨论的，这类来访者遭受了巨大和／或多重的创伤，因而缺乏任何直接积极地对抗创伤记忆所必需的心理资源和复原能力。这些来访者大多面临信任遭到背叛的危机。这个群体中的许多来访者都遭受过他人某种方式的伤害，无论是在成长过程中被忽视，还是在任何年龄受到的人为伤害（虐待、殴打、强奸、乱伦、战争、家庭暴力等）。这种情况在生活中发生得越早，对个体信任他人能力的破坏就越大。如果伤害发生在后来的生活中，先前建立的信任遭到背叛就成了更大的问题。在某些情况下，心理发育缺陷（忽视或其他情感联结失败）也可能是致病因素。如第二章中讨论的，依恋的缺失可能造成个体的脆弱，以致发展成 PTSD 或其他心理障碍（Schore，1996）。

对于遭受人际创伤的来访者，解决治疗关系中的信任问题变得越来越重要。从未信任别人的来访者，需要机会来建立这种能力。而信任遭到背叛的个体，也需要机会来重建这种信任。这两个过程都需要时间。没有信任，就无法积极地面对创伤记忆。

直到建立了对治疗师的信任，来访者才可能拥有一个共同对抗其创伤的盟友。如果在这种信任建立前就直接处理创伤记忆，来访者将（通常是再次地）处于孤立无援地面对创伤的不幸境地。在这种情况下，创伤不仅没得到解决，而且还会变得更糟。

情感以及疼痛调控

虽然肖尔没有直接考虑信任问题，但他在早期情感联结和依恋领域的大量工作，为与 2B 型创伤来访者建立信任提供了许多线索（1994）。肖尔明确肯定了，看护人和婴儿之间的联结对儿童发展情绪自我调控能力是必不可少的。他表示，随着时间的推移，这种能力通过孩子和看护人的互动而增长，可分为三个关键阶段：调谐、失谐和再调谐（Schore，1994）。一般来说，孩子和看护人以面对面的方式互动。当这种互动在婴儿可忍受的水平上进行时，婴儿会保持接触（调谐）；当唤醒水平太高时——要么是因为兴奋，要么是因为看护人的发怒或不准允——婴儿便中断接触（失谐）；当婴儿的唤醒水平再次降低到可忍受的范围时，婴儿会重新建立与看护人的接触——此时婴儿的唤醒水平通常比之前可忍受的唤醒水平更高（再调谐）。这种类型的互动构成了依恋的基础，可能对提高儿童（也就是后来的成人）调控压力、情绪和疼痛的能力至关重要。

6 岁的托妮跌倒割伤了腿，她感觉非常痛。她很害怕，

因为被推进急诊室缝合伤口时，她母亲被告知得等在外面。于是托妮变得歇斯底里。后来，医生让她母亲站在急诊室门口，托妮能看到的地方。托妮生动地回忆起，她的恐惧和痛苦在看到母亲时奇迹般减轻了。当医生给托妮的腿做检查时，她的眼睛一直盯着母亲。

治疗关系的影响体现在很多方面。大多数治疗师都熟知它的情绪调节功能。在一些阶段，情绪不稳定的来访者常常在伤心时寻求治疗师的帮助，或者一看到候诊室中治疗师的身影、听到电话中治疗师的声音就平静下来或放松地流下眼泪。还有许多来访者，单是在治疗间隙听到治疗师发来的语音留言便能得到舒缓。

调谐、失谐和再调谐

关于某些 2B 型创伤来访者有个难解的谜团：如果能及时修复关系，他们对治疗师的信任反而可能会在冲突（对背叛或其他类型破坏的感知或怀疑）之后增加——即失谐和再调谐的过程。当冲突风险很高时，治疗师让来访者为察觉到的伤害或背叛做好准备，也许是个好主意。对这类事件进行实际计划，大大有助于把它们转化为积极事件。

弗兰克这辈子除了自己，从来没人可依靠。他的父母都酗酒，父亲有暴力倾向。弗兰克非常独立，害怕亲密。他的情绪也不太稳定，很容易情绪激动，因此很难保住工作。

　　治疗的第一阶段旨在提高他的稳定性。无论是生理还是心理方面的资源建设（见下一章），在我们早期的合作中都占有重要地位。然而，寻找人际资源很困难，弗兰克对任何人的信任度都非常低。从一开始我就认为，弗兰克是会因冲突而提前终止治疗的那类人（失谐）。然而，我一直等待，直到我们建立了一些关系时才开始讨论这个话题。在治疗早期的一次会谈中，我与弗兰克讨论了在治疗后期他可能会对我非常不满，甚至想退出治疗的可能性。他认同这是可能的，事实上他同之前的三位治疗师都有过同样的问题。我和弗兰克讨论了肖尔关于"调谐、失谐和再调谐"的概念，并解释说"失谐"不仅是可预测的，而且是可取的。没有它，就没有重新调整的机会，这是加强关系所必需的。我问他，在无法解决对治疗师的愤怒时，他需要的是什么。他认为他之前的治疗师对他的感受不负责任，对造成的问题视而不见，最重要的是，他们不愿意道歉。事先就与他讨论此事，让我对他的性格以及所遭受的心理伤害有了很多了解。他能够进一步向我透露，与父亲的缺乏悔意相比，他的暴力带来的痛苦不算什么。弗兰克从没得到过他父亲为暴力行为做出的道歉。

　　几周后，当我因病不得不重新安排治疗会谈时，弗兰克变得愤怒并感到被遗弃。他取消了下一次会面，并在我的语音信箱留言说，如果他想要面谈，他会给我打电话。因为我们之前已为这个阶段做好了准备，所以我可以很好地与他取得联系并提醒他之前的预测。我建议他至少来一次，让我们讨论一下发生了什么。他同意了，但还是很生气。在会谈时，他咆哮了很长时间。当他看起来发泄够了，我就为他需要我时我却没空而道歉。他持怀疑态度，并要再三确认我的歉意是发自内心的，而不仅仅是因为他之前说过我才道歉。当我解释说，我可以看到和听到他愤怒之下的痛苦，并为没陪在他身边而由衷地感到抱歉时，他哭了。当他恢复平静后，就接受了我的道歉，我们继续合作把治疗进行下去。那是我们第一次，但远非最后一次"失谐"和"再调谐"的经历。

当来访者把有关施暴者的记忆转移到治疗师身上，并在见面时变得害怕，就会发生另一种失谐。这种情况发生时，治疗师必须帮助来访者进行"现实测试"，并将虚实分开。这种移情不利于创伤治疗，因为来访者需要治疗师作为盟友。让来访者一直处于这种移情失谐中对治疗过程非常不利，并会加剧来访者"无人可以相信"的恐惧。

显而易见，创伤治疗有多种途径。来访者的个人情况决定了治疗关系对创伤治疗的重要性可高可低。评估来访者的类型及其当前的功能水平，将有助于确定对治疗关系所需的重视程度。

安全感

在来访者的生活中

任何创伤治疗的先决条件都是安全感（Herman，1992）。这不仅适用于治疗环境，也适用于来访者的生活。当来访者生活在不安全和／或创伤性的环境中时，创伤就不可能解决。解决创伤意味着要解除那些有助于创伤继续存在的条件。如果一个人仍活在不安全和／或创伤性的环境中，就无法进行治疗，我也不建议他们接受治疗。在这种情况下，帮助来访者达到（或感到）安全必须是第一步。这在很大程度上是种常识。例如：必须安全地把被打的妻子与暴力的丈夫分开；家中遭袭的来访者可能需要加装门窗锁；强奸受害者可能要等强奸犯被宣判和监禁后，才能应对被害记忆。

提高来访者生活安全感的另一个策略是尽可能合理地识别和尽可能多地（暂时）消除触发因素。有时来访者会对消除这些触发因素表示抗拒，他们通常坚持认为自己需要学会忍受恐惧。然而，有时他们需要移除触发因素所带来的缓解，以便以后能与这种触发因素共存。暂时移除某种触发因素，往往可以减少或消除其影响，当不再造成什么后果后，它可以重新回到来访者的生活中。

罗德尼常常受到人格解体之苦。他真的失去了对自己皮肤的感觉，这是一种非常可怕的体验。我建议他在冷水淋浴的帮助下恢复这种感觉（温差可能会带他找回对身体周围和皮肤的感觉——见第七章中关于皮肤界限的讨论）。他告诉我，虽然他原则上同意这个想法，但他不愿意尝试，因为他害怕洗澡。"哦！"我回答说，"那你是怎么洗澡的？""我就屏住气，尽可能快地洗完。"他答道。他每天都在向这种折磨屈服。在那一刻，比起探究他到底为何害怕洗澡，我更想消除这种日常恐惧，帮他松一口气。通过进一步询问，我发现他不怕水也不怕洗干净自己，只是怕淋浴。我问他是否能用海绵擦身或者在厨房的水槽里洗头。没错，这两种方式他都可以接受（如果洗澡本身也成为问题，那治疗师就需要提供更多的巧妙主意，才能在保证良好个人卫生的前提下为他提供一些缓解）。我们商量之后，决定让他至少三个星期不淋浴。四个星期后，他向我汇报说，他已经重新开始每天洗淋浴。他还是不太喜欢，但不再害怕了。短暂地移除那个触发因素，就足以减轻它对他的抑制。

在治疗环境中

如果来访者和治疗师之间缺乏一种强大的、安全的关系，就不能或不该进行创伤治疗。当然，来访者不可能也不应该完全信任新的治疗师。但是让一个人熟悉另一个人，必须要有足够信任基础以及足够的时间。一些治疗失败的例子可以归咎于技术的过早引入——有时，治疗师在第一次见面时就开始使用某种技术了。在应用创伤治疗技术之前，应该至少有一个疗程，最好能有两到三个疗程，让来访者了解治疗师并建立对治疗师的信任。但是这没什么通用的法则。一些来访者可能需要数年时间，才可以从建立关系转为处理创伤性记忆。

心理资源的开发和重新认识

来访者拥有的资源越多，治疗就越容易，预后（prognosis）也就越有希望。在获取病史时，治疗师最好同时关注来访者的创伤及其心理资源。开始艰难的创伤治疗过程前，治疗师最好先评估来访者的心理资源，并着手建立那些所缺乏的心理资源——当然，其中一些资源必须在治疗过程中发展出来。资源分为五类：**功能资源**、**生理资源**、**心理资源**、**人际资源**和**精神资源**。

功能资源包括实际的东西，例如安全的住所、性能可靠的汽车、加强防盗功能的锁等。此外，我们可能有必要在创伤治疗期间，以保护契约的形式提供资源。这个理念源于沟通分析理论（Transactional Analysis；Goulding & Goulding，1997）。有件不可思议但又很普遍的事，就是创伤来访者常会遇到那些和正在解决的创伤问题相似的情形：正在治疗车祸创伤的来访者差点儿被撞，正在治疗强奸创伤的来访者晚上被跟踪，等等。这种现象的通俗名称叫"同步性"。在这些情况下，安全契约可能会有所帮助。例如，与治疗车祸后 PTSD 的来访者签一份额外注意安全驾驶的契约，或与受到性骚扰的来访者签一份夜间要格外注意安全的契约，这样可能会很有用。

生理资源的例子有体力和敏捷性。对一些来访者而言，增加肌肉张力的重量训练是有益的。对另一些来访者来说，演练身体保护性动作的技巧，如自卫训练，则是对创伤治疗有用的辅助手段。总的来说，建立生理资源会让许多来访者感到更加自信。

丹尼尔在大地震中幸存下来后，一直深陷焦虑。他过度警觉，睡眠不好，甚至连洗澡都困难。他感觉他必须时刻为下一次地震做好准备。当他说话时，我注意到他姿势的不协调。他看起来舒适地靠在椅子上，但脚却放在地板上，暗示他准备逃跑。当我向他指出这点时，他承认他在任何时候都无法放松；他总是准备钻到最近的桌子底下，或跑到最近的门口寻求保护。而且，就在那一刻，他的心跳加速，手心冒汗。我问他是否真的做过这些想象中的防御动作。他说没有。我建议他遵从已处于防御姿势的脚的冲动，现在就行动。他的确行动了，冲向我办公室的门。他打开门，蹲在门口。我鼓励他把离开椅子到门口蹲下这个动作重复几次。三次练习后，我问了他的心率和手部湿度。两者都正常了。我鼓励丹尼尔继续在家和工作中练习，寻找通往安全的最佳途径。一周后，他一直保持的警觉已大大减轻，因为此时他已在自己的身体里固定了地震求生所必需的防御动作。

心理资源包括（但不仅限于）智力、幽默感、好奇心、创造力（包括艺术和音乐天赋）和几乎所有的防御机制。将防御机制视为曾经的积极应对策略是很有力的。除了会伤害他人的防御机制，这些资源中每个都是积极的。每一次防御都曾经是（通常是成功的）保护自我的尝试。防御机制有问题，不在于机制本身，而在于它是片面的，因此具有局限性。每种防御机制所缺少的都是与之相反的选择（Rothschild，1995b）。下面有三个例子。

1. 将退缩作为防御，本身不是问题——我们有谁从没想过退缩？然而，当一个人只能退缩而永远无法与他人交往时，就有问题了。反过来，害怕孤独、必须始终与人为伴的人，即没有能力享受孤独的人，同样是有缺陷的。

2. 在压力下总是表达愤怒的人能为自己做出防御，但有时会以众叛亲离为代价。无法表达愤怒的人可能会避免隔阂，但在必要时他可能无法为自己做出防御。表达愤怒和防御这两种策略都是资源。

3. 很多人会羡慕能在牙医面前若无其事、不用麻药也行的人。但是，当然了，不分场合的解离会导致日常功能的其他方面出现问题。如果这样，治疗师就需要帮助来访者学习控制他的解离，让来访者在必要时（如在看牙时）有能力置身事外，也能更安全更有效地专注于当下（例如驾驶时）。

限制防御机制不是为了消除它，恰恰相反，这是为了用它来进行平衡和选择。积极看待心理防御机制，也可以帮到那些为自己的防御而感到羞耻的来访者。

　　人际资源的核心是来访者当前的社交网络，包括配偶或伴侣、其他家庭成员和朋友。此外，记住对来访者的过去有意义的人物，也可以带来积极的感觉和情感。不会忘记的朋友、父母、祖父母、老师和邻居，都可以成为促进治疗的强大资源。动物也属于这一类。宠物通常是资源的有效来源——尤其是现在养的宠物，但过去养的宠物常常同样有效。

　　亚历克丝对攀岩的热爱因严重摔伤而中断。她摔断了手臂并且被诊断为脑震荡。四年后，她仍然被头脑中的坠落画面困扰，有时会半夜惊醒，出一身冷汗。当她告诉我这事时，她脸色苍白，呼吸变得急促。她丈夫并不同情她，他从不赞成她进行这种运动，并在她受伤时非常生气。对他来说，这场事故仍困扰她可以保证她不会再去攀岩。当我们探究事故的后果时（有关先处理创伤后果的基本原理，请参阅第八章），亚历克丝记得当时她感觉自己被丈夫完全抛弃了，他的反应带给她的伤害比躯体上的伤痛更糟。她出院回家时正需要呵护，但她丈夫太生气因而根本不关心她。他满足了她基本的需求，却没能给她需要的鼓励和支持。"你是怎么熬过来的？"我问。"你知道吗，"亚历克丝说，"要不是因为我的金毛狗狗梭罗，我想我熬不过来。它日夜陪着我，即使离开也很快就回来。"我鼓

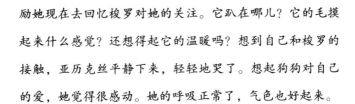

励她现在去回忆梭罗对她的关注。它趴在哪儿？它的毛摸起来什么感觉？还想得起它的温暖吗？想到自己和梭罗的接触，亚历克丝平静下来，轻轻地哭了。想起狗狗对自己的爱，她觉得很感动。她的呼吸正常了，气色也好起来。

精神资源包括对更强力量的信仰、对精神领袖的追随、与自然交流等。有时，对于信仰体系不同的治疗师来说，利用来访者的精神资源是很难的。但你必须慢慢接受这种反移情的反应，因为精神资源可以非常有效地帮助治愈创伤状况。此外，一些创伤受害者感到被他们的信仰背叛了。对这些人来说，恢复精神资源将是其迈向治愈的关键一步。

有时，帮患有 PTSD 的来访者了解自己如何在生活和创伤中活下来，对治疗来说是一种有用的辅助手段。每个创伤幸存者本身都在自己的生存中发挥了某种作用，即使是通过"僵住"或"解离"的方式。通过这样的练习，许多人弄清了自己实际拥有多少资源，这样治疗结果就会很有希望。让来访者注意到他们拥有的资源，至少可以防止绝望。

50 岁的阿诺德即将住院。在与工作有关的创伤性事件发生后，恶性循环的状态使他认为自己不但无助而且没救了。他很怕自己的应对能力就此丧失，以至于医院成了他的唯一选择。他的妻子强迫他打电话跟我预约。她不得不开车送他，因为他太焦虑了，没法自己来。首次咨询中，阿诺德能做的就是抱怨他失去的能力：他无法再工作，他失去了朋友，每个人都抛弃了他，他每时每刻都在焦虑，他对自己无能为力。我听完他对自己的最后一条评价，看看他，问："我注意到你胡子刮得很干净。今天谁给你刮的胡子？""为什么这么问？我自己刮的。"他答道。"那谁给你穿的衣服？"我继续问。"我自己啊。"他有点儿狐疑地回答。我进一步追问："谁喂你吃的早饭？""我没吃多少。"他辩解道。"没事，"我说，"不过你吃了什么？谁喂你吃的？""嗯，当然是我自己！"他回答，开始对我有点儿生气。在那次咨询结束时，阿诺德受到了些许鼓舞。他想当然地认为自己完全无助，甚至忘了他仍有能力满足自己的基本需求。当然，这次干预并不能治愈阿诺德，却是让他不用去住院的一小步。

乐土、心锚和安全之地

乐 土

许多来访者会从参与让他们暂时摆脱创伤的活动中受益。这些活动起作用的部分因人而异，但消遣活动都有些共同的特点。"乐土"（oasis）是必须要集中注意力进行的活动。看电视和阅读通常效果不好，因为太容易让人陷入自己的想法。有点儿挑战性的活动通常会起作用。例如，编织对一些人是有效的，但对那些一辈子都在做编织的人来说没用，除非选了一种极其困难的图案。有的人的消遣活动是修车，有的人是园艺，也有许多人发现电脑游戏或纸牌游戏效果很好。无论选什么，它作为"乐土"的价值都将通过身体意识（见下一章）、减少过度紧张以及安静的自我对话来获得肯定。

心　锚

心锚的概念源自神经语言程式学（neuro-linguistic programming，NLP；Bandler & Grinder，1979），现已适用于多种创伤疗法。大致说来，心锚是一种具体的、可观察的外在资源（与自信等内在资源相对）。我们最好从来访者的生活中选一个心锚，这样可以利用身心的积极记忆。心锚的例子包括，某个人（祖母、一位特殊的老师、配偶）、某个动物（最喜欢的宠物）、某个地方（家、大自然中的一个地方）、某个物体（一棵树、一条船、一块石头）、某项活动（游泳、远足、园艺）。一个合适的心锚可以（在身体和情感上）给来访者一种放松和幸福的感觉。

在治疗创伤时，每个来访者建立至少一个心锚作为治疗变得艰难时的"刹车"工具会很有用。心锚也可以通过引入先前提到的资源来即兴发挥。

我注意到，当辛西娅在评估面谈中同我说到她最好的朋友时，她的举止发生了变化。她几乎是带着歉意、恐惧和狐疑走进我办公室的。她弓着背坐着，焦虑不安，脸色苍白。然而，当谈到她的朋友时，辛西娅确实舒展了。她的头抬起来了，胸挺直了，脸颊开始有血色，呼吸也缓了下来。我在关于她朋友的记录旁边做了记号。这次咨询到后面，辛西娅在告诉我她经历过的许多创伤时，脸色变得苍白。她说她的心跳加速了。那时我打断了她，建议我们回到她之前提到的一些事情："你朋友叫什么？我忘记写下来了。跟我说说更多关于她的事。"只是提到朋友的名字，就减轻了辛西娅的过度紧张。说起朋友时，辛西娅的脸色又恢复了正常，她告诉我她的心率降下来了。当她更放松时，她能继续更好地说出她认为我应该知道的创伤性事件。

心锚也可以用于在创伤性事件中插入不同视角——不是改变它的事实，而是改变内心对它的看法。

在辛西娅后续的治疗会谈中，我再次利用了她最好的朋友。当她讲述遭受母亲虐待的事时，她浑身发抖。她被吓坏了，一点儿保护自己的能力都没有。我问她："如果你最好的朋友在场，那件事会有什么不同？""嗯……那不可能，"辛西娅答道，"那时我还不认识她！"我坚持己见道："是的。但如果当时你就有这个朋友而且她也在场，那会有何不同？""嗯，她完全可以阻止我妈。我朋友比我妈个头还大，她可以压倒我妈！""如果你现在记起那件事，"我建议道，"并且想象你的朋友在那里，你的身体感觉如何？""我感觉更平静了。（辛西娅开始哭泣。）我希望她在场，当时太可怕了！"辛西娅的眼泪平静而治愈，她第一次开始为这么糟糕的经历而哭泣。

插入一个心锚，尤其是来自来访者当前生活的心锚，无论如何都不会改变现实，但它可能会给人新的想法，并有助于将过去的创伤与当前生活区分开来。

心锚的应用很容易。当来访者的过度觉醒的水平过高时，治疗师只要改变一下话题："我们暂停一下。我们聊聊〔此处插入心锚〕。"治疗师可以通过提供与心锚相关的感觉线索来加深这种联系。应用心锚的最大困难之一，是变得习惯于打断来访者的"节奏"。当明确插入心锚对治疗过程能有多大帮助时，治疗师和来访者就都会对这种中断有更高的容忍度。心锚可以继续处理困难的记忆，同时定期降低过度觉醒的基础水平，而不是让它不断积累。每次使用心锚时，过度觉醒水平都会降低。当来访者"踩刹车"之后继续解决创伤问题时，过度觉醒水平就会比之前还要低。通过这种方式，来访者可以在过度觉醒水平不失控的情况下，完全解决创伤性记忆。

应对创伤→过度觉醒→心锚→过度觉醒水平降低

心锚的使用详见第六章末尾的治疗课程。

安全之地

"安全之地"是一种特化的心锚。它最早用于催眠，以减轻治疗创伤性记忆时的应激状态（如 Napier，1996）。安全之地是指当下或记忆中的保护地（Jorgensen，1992），最好是来访者在生活中知道的实际的、存在于地球上的位置。这样，来访者的记忆中就有躯体共振（somatic resonance）——与该地点相关的视觉、嗅觉、听觉等都将被记录为感觉记忆痕迹。这使得它对来访者来说非常可接近而且有帮助。来访者可以把它想象成自己在压力和焦虑期间的安全地点。它也可被用作心锚，以降低治疗期间的过度觉醒水平。

怎么都无济于事怎么办？

有些来访者似乎无法想象和 / 或使用心锚和安全之地的令人平静的图像。这些人可能会遇到的情况是，每当开始进行想象时，这些图像都会以某种方式受到污损并令人不安。当来访者相信是幻想控制了他而不是他控制了幻想时，就会陷入这种困境。例如，一个把养大自己的祖父母当作心锚的来访者，会突然想起某次对他们的失望，或者来访者会害怕自己在树林中的安全之地被入侵。当这种情况发生时，治疗师需要与来访者坦诚地讨论，首先提醒来访者，这是他的幻想，可以随心所欲，然后解释说他需要的不是

"完美的"心锚或安全之地，而是"足够好"就行。幻想中的安全地点和人，比现实生活中的地点和人更容易控制。例如，将心锚限定为最好或理想的记忆中的祖父母。另一种策略可以是，想象安全之地周围有一道由树林或哨兵保护的屏障（可见的或不可见的；Bodynamic，1988—1992）。在这些情况下，使用具有镇静效果的、想象出的修饰来强化心锚或安全之地，常常很有效。

对积极情感的容忍度存在问题，也会限制心锚或安全之地的有效性。一小部分来访者在想象或实际正处于积极的状况或感觉状态时，会变得焦虑。对一些 PTSD 来访者来说，区分神经系统对积极情绪（快乐、兴奋等）和焦虑的反应很难，因为这两种反应都伴随心跳和呼吸的加速。身体意识训练（见下一章）将有助于进行这种区分，因为焦虑通常伴随面部和四肢的肤色苍白以及体温降低，而兴奋和快乐通常伴随面色红润和体温的升高。

当来访者因认为这种好的感觉不会持久而感到害怕时，也可能出现积极情感容忍度问题。同样，身体意识训练有助于来访者认识到，没有哪种情绪状态或躯体状态会永远持续下去。学习如何顺应身体感觉的起伏，可能会强化对情绪状态起伏的理解。

理论的重要性

治疗师提高创伤治疗安全感的方法之一，是让自己熟悉创伤理论。当治疗师知道自己在做什么，以及为什么做时，就不太容易犯错。理论比技术更有用，因为技术可能会失败，但理论很少让你失望。当一个人精通创伤理论时，他甚至都没有必要知道太多技术，因为干预方法会在特定时刻的理解以及理论在特定来访者和特定创伤上的应用中萌生。此外，当治疗师精通理论时，他就有可能使治疗适应来访者的需求，而不是要求来访者去适应特定技术的需要。

有时，向来访者传授理论本身就是必需的。当来访者有多重创伤并且还没有准备好使用技术时，传授理论尤其有用。下面举两个例子。

弗雷德费了好长时间，才把他身体虚弱的生理反应与他小时候受到的殴打联系起来。理智上他知道两者之间一定有关联，但他无法建立联系。有一天，他非常沮丧地来接受治疗。他很担心，因为他有"自杀倾向"——这对他来说很不寻常。当我们挖掘他的感受和身体意识时，他开始哭泣："我并不是想死，只是我觉得我的心死了。"我脑海中形成了一幅画面。我问他是否见过猫抓老鼠。他在农村长大，这种事见过很多次，他记得老鼠会"装死"。我让他思考老鼠的行为，这引发了关于自主神经系统和僵住反应理论的讨论。他很受触动，很快就联想到老鼠"死而复生"的天赋。他记得为了应对殴打，他也做了无数次同样的事情。在充分理解这些信息的几分钟后，这种理解就开始起作用了。弗雷德意识到他完全没有"自杀倾向"，而是将自己与老鼠的反应联系了起来。他的解脱显而易

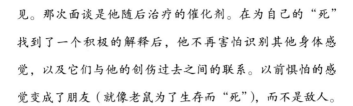

见。那次面谈是他随后治疗的催化剂。在为自己的"死"找到了一个积极的解释后，他不再害怕识别其他身体感觉，以及它们与他的创伤过去之间的联系。以前惧怕的感觉变成了朋友（就像老鼠为了生存而"死"），而不是敌人。

斯科特在 20 岁出头时因为缺乏自信开始接受治疗。他面临的一个主要问题是无法通过驾考。他失败了无数次。他觉得自己很失败——他所有的朋友都通过了考试并开始开车了。他的父母很沮丧，不明白他的问题出在哪里。他的驾校教练注意到，斯科特有时可以很好地驾驶，但有时他甚至注意不到旁边的卡车。教练也无计可施。

我们在第一次会面时进行了深入的探讨，斯科特将他的困境描述为听起来类似一种"解离"的情况。他会"离开"并忘记自己在做什么和要去哪里。当斯科特向我描述这种现象时，他在治疗过程中也开始以类似的方式解离。他不知道要说什么，脸色变得有些苍白，像在很远的地方听我说话。我换了个话题，聊一些他之前提到的积极的东西，他便稳定了下来。然后他就能抓住他打算说的话的主线。

在记录了几起早期创伤性事件的历史后，我开始向他解释 ANS 的功能和解离现象。斯科特很容易看到自己的解离反应并推测其原因。这深深影响了他。到下一次面谈时，他不再认为自己是个笨拙无能的司机了。他意识到自己有驾驶障碍，不是因为他天生有问题，而是因为他过去的一些经历仍然对他产生不利影响。他能够向他的父母和朋友解释这一点，他们也大多变得更加同情他。令人惊讶的是，他能够利用在训练期间控制解离的信息和经历来减少他在驾驶时的解离。他会把自己的思绪转移到一些积极的事情上，然后才把注意力集中在路上。斯科特非常成功，不久之后他就能够将注意力集中在道路上。斯科特以及他的教练、父母和朋友都惊呆了。

此外，随着斯科特把自己的问题看作过去的创伤性事件之一，而不是天生无能，他的自我认知也发生了改变。他开始将自己视为一个有负面经历需要处理的人，而不是个"笨蛋"。这种转变让斯科特有勇气承担他以前认为超出他能力的其他任务，包括躯体方面的和人际关系方面的。

当然，这种戏剧性的变化并不是常态。但对许多人来说，理论是打开大量资源的钥匙。

尊重个体差异

永远不指望同一种干预能对两个来访者产生相同的效果，这样才能减少治疗错误。当一种技术不起作用时，我建议治疗师在时机、技术的选择或应用中，而不是在来访者身上寻找失败原因。要想到，也许这个来访者需要的东西还没被发现，这种观点将使治疗师不会因为"阻抗"而责怪来访者。此外，对于任何与PTSD患者一起工作的治疗师来说，他们最好能接受一种以上治疗模式的培训，这将在很大程度上确保治疗是适合来访者需求的；如果他们没有接受多种培训，情况就不一定了。当然，治疗师也得做好准备——最好的技术就是没有技术。有时，最有效的干预就是与来访者谈论平凡的琐事。

安全创伤治疗的十大基础

下面提炼并罗列了安全创伤治疗最显著的要点，作为对本章的回顾。

1. 首先，也是最重要的：在治疗内外为来访者建立安全感。

2. 在治疗师和来访者间建立良好的联系，是解决创伤性记忆或应用任何治疗技术的先决条件——即使这需要几个月或几年的时间。

3. 来访者和治疗师在使用"油门"前，必须有把握掌控"刹车"。

4. 识别并建立来访者内部和外部的资源。

5. 将防御视为资源。永远不要"消除"应对策略或防御。相反，要创造更多的选择。

6. 将创伤系统视为"高压锅"。时刻努力减少压力，永远不要增加它。

7. 使治疗适应来访者，而不是期待来访者适应治疗。这就要求治疗师熟悉多种理论和治疗模型。

8. 掌握广泛的理论知识——包括创伤和 PTSD 的心理学和生理学。这能减少错误，并允许治疗师根据特定来访者的需求创设治疗技术。

9. 注重来访者的个体差异，不要因为对方不合作或干预失败而评判来访者。永远不要指望同一种干预会对两个来访者产生相同的效果。

10. 治疗师必须做好准备，有时（甚至在整个治疗过程中）可以抛开所有的技术，就是和来访者聊聊而已。

增加来访者资源、放慢治疗节奏，以及"刹车"的应用等原则和技术，将在接下来的章节中介绍。

第六章

• • •

身体为本

身体是最佳的治疗资源

什么样的治疗最有效，还是身体最清楚。

一片吐司

有可能灵魂只是幌子，

也可能心灵没有意义。

但其实需要珍视的是，

有什么能被品味触及。

——皮特·海恩

　　无论采用何种治疗模式，怎么强调将身体用作治疗创伤和 PTSD 的资源的潜在好处都不算过分。本章将介绍增加躯体资源（使身体成为盟友）的非接触策略和干预措施。大多数人会发现，这里提出的理念很容易和他们自己的治疗方式相结合。

身体意识

来访者对自己身体状态的意识——在外部和内部刺激下产生的精确、共存的感觉形成的感知——是治疗创伤和 PTSD 最实用的工具之一。当下感觉刺激的意识是我们与此时此地的主要联系，也是我们与情绪的直接联系。作为一种治疗工具，简单的身体意识可以衡量、减缓和阻止创伤性的过度觉醒，并将过去与现在分开。此外，身体意识也是解释躯体记忆的第一步。

协调身体感觉和身体变化过程的做法并不新鲜。有许多以身体为导向的疗法，或多或少把身体意识当作其方法的基础或辅助手段。培养身体状态意识的有效性，在东方的冥想和瑜伽练习中有着古老的根源。利用身体意识作为西方心理治疗工具的想法，是由格式塔心理治疗师弗里茨·皮尔斯（Fritz Perls）1942 年在《自我、饥饿和攻击》（*Ego, Hunger and Aggression*）中首次提出的，之后在他 1969 年的著作《进出垃圾桶》（*In and Out of the Garbage Pail*）中广为流传。两年后，约翰·O. 史蒂文斯（John O. Stevens）发表的《意识：探索、实验、体验》（*Awareness: Exploring, Experimenting, Experencing*）中，提出了基于皮尔斯意识原则的个人成长练习——随着对内部和外部环境的精准感觉，意识进行着转变。

对身体的关注还没有普遍地成为创伤和 PTSD 心理治疗的核心。虽有充分证据表明，PTSD 与令人不安的身体感觉以及回避行为密切相关（APA，1994），但作为心理治疗中创伤治疗策略的一部分，对感觉和动作的关注还没有经常被提出。

什么是身体意识？

我们很难定义像**身体意识**这样主观的东西。以下是足以满足本书讨论和未来参考之用的一种定义：

> 身体意识，是指因源自身体内外的刺激而产生的身体感觉的精确、主观的意识。

身体意识与之前讨论的感觉神经系统线索的意识有关。为了刷新你的记忆，我重述一下，来自外感受器的身体意识源自身体外部的刺激（触觉、味觉、嗅觉、听觉、视觉）。来自内感受器的身体意识包括源自身体内部（结缔组织、肌肉和内脏）的感觉。身体意识不是一种像"害怕"的情绪。情绪是通过不同身体感觉的组合来识别的：

> 呼吸浅 + 心率加快 + 出冷汗 = 害怕

有助于识别各种身体感觉的术语包括（但不限于）：

> 呼吸的位置、速度和深度，身体部位的空间位置，皮肤湿度（干或湿），热或冷，紧张或放松，大或小，不安或平静，运动或静止，头晕，颤抖，刺痛，压力，拉扯，旋转，扭曲，收缩，扩张，心率，心跳，疼痛，灼痛，振

动，摇晃，弱或强，困或清醒，打哈欠，流泪，哭泣，轻
或重，软或硬，紧或松，歪或直，平衡或不稳定，直立或
倾斜，心慌意乱，摇晃，空或满。

发展身体意识

许多来访者对他们的身体感觉已经有了很好的了解，并且能够
将它告诉你。对于这样的来访者，你可以直接将他们的身体意识当
作资源（见下一节）。然而，一些来访者在被问到"你现在意识到
（或感觉到）你身体里的什么了吗"时，他们回答说不知道。他们可
能无法感觉到自己的身体，当再次被问到同样的问题时，他们的回
答完全驴唇不对马嘴："感觉就像我上周告诉你关于我老板的……"

但不要绝望。大多数来访者可以学会识别并更加关注自己的感
觉。许多人甚至会发现这种体验非常有益。以下练习演示了基本的
身体意识：

- 首先，不要动。注意你现在的坐姿。

- 你有什么感觉？审视你的整个身体：注意你的头部、颈部、胸
  部、背部、腹部、臀部、腿部、脚部、手臂、手部。

- 你感觉舒服吗？——先不要动。

- 你怎么知道自己舒不舒服？哪种感觉让你知道的？

- 你有想改变姿势的冲动吗？——先不要动，把注意力集中在这
  个冲动上。

- 这种冲动来自哪里？如果你要改变姿势，你会先移动身体哪一部分？——先不要动。先看看是哪里不舒服造成了这种冲动——你的脖子紧张吗？有哪里开始变得麻木了？你的脚趾冷吗？

- 现在遵从冲动改变姿势。你的身体里产生了哪些变化？呼吸变缓了吗？疼痛或紧张好一点儿了吗？还是更警觉了？

- 假如没有要改变姿势的冲动，也许你现在就挺舒服了。看看哪些身体信号说明你觉得舒服：你的肩膀放松了吗？你的呼吸深沉吗？你整个身体暖和吗？

- 接下来，不管你舒不舒服，改变一下你的姿势（如果前面你做过，就再做一次）。改变你坐的位置和姿势。换到别的位置上——试试别的椅子、站起来，或是坐在地上。换个新的姿势，并保持不动。再评估一下——你舒不舒服？哪些身体感觉告诉你的（如紧张或放松，温暖或寒冷，疼痛，麻木，呼吸深度和位置等）？这次还是要留意，你现在的姿势和之前的姿势，哪个更让你警觉或清醒。

- 再换一个姿势。再像前面那样进行一次评估。

- 记录一下你的体验，使用有关身体感觉的术语，如紧张、温度、呼吸等。"我坐在椅子上时，感到肩膀很紧张，但脚很暖和；当我换成站在地板上时，我的脚变冷了，但肩膀放松了……"

上述练习可灵活运用于不同来访者。这将帮助许多人了解关于识别身体感觉的理念，尽管它可能对少数人不起作用。在练习之后的治疗过程中，询问身体意识会强化和进一步增加这一资源。

对那些在审视身体时无法区分各种感觉的来访者，具体化的问题将有所帮助，如"你的胃里现在是什么感觉""你的双手温度如何""你的呼吸怎么样"等。

对那些觉得身体意识理念太陌生、可怕、不合时宜和/或有挫折感的人，治疗师通常可以让他们先间接地尝试。鼓励这类来访者提高身体意识的一种方法是询问他们对室温、椅垫软硬、是否口渴想喝点儿东西之类的意见。另一种提高身体意识的策略是探讨运动感觉："不用看，你能知道你的腿（或手）现在是什么姿势吗？"

　　安吉想远离虐待她的丈夫。但有时他出现在她的住处，她就会跟着他走。直到后来，她才意识到自己犯了错。对她来说，那就像进入了一种异常状态。她无法控制自己的行为，更不用说描述那种状态的感觉了，这让她非常不安，感觉自己愚蠢又感到羞耻。对安吉来说，采用身体意识这种技术通常是困难的。尽管有些焦虑，但她还是愿意尝试。我决定不具体询问她的身体状况，因为当她没给出"正确"答案时，她会马上变得沮丧。相反，我问："你能感觉到屁股下面的椅子吗？"她说能感觉到。我问："什么感觉？"她描述坐垫摸上去和坐上去的感觉如何，以及椅子不稳定，因为一条腿比其他腿略短。"你感到更焦虑、更不焦虑，还是跟刚来时一样？"她说觉得焦虑稍微轻了一点儿。到目前为止还不错，我便想更进一步："你能感觉到正坐着的椅子。你觉得要是你丈夫在，你还能感觉到椅子吗？"她的兴致随着问题的回答而提高："不，我觉得我不能。实际上，我觉得当我和他在一起时，就感觉不到任何东西。"这是她第一次可以描述她的一部分异常状态——没有感觉。通过这句对自己身体的简短介绍，安吉开始明白，如果丈夫在场时她没有任何感觉，她就会很容易默默地顺从他。这是一个小小的进步，能帮她掌控自己的生活。

在少数情况下，仅通过使用身体意识技术就可以消除一些创伤症状。这种干预不一定能解决创伤，但对恢复正常功能大有帮助。到那时，来访者将处于一种更强大的心理位置，可以为自己的治疗方向做主。

在青春期经历了两次糟糕的致幻剂之旅后，卡尔开始经历周期性的创伤场景闪回和频繁的惊恐发作。他曾寻求过医学治疗的帮助，但无济于事。25 岁时，他决定试试心理治疗。经过几次面谈后，卡尔可以识别并描述是什么引发了当前的惊恐发作。他认为那是在闪回开始前的一种特别感觉，当感受到那种感觉时，他害怕自己会有另一种不好的感觉，于是陷入恐慌。创伤场景闪回的实际频率正在下降，但这一事实对他并无帮助，那种直觉吓坏了他，引发了惊恐发作。

我们讨论了替代方案。治疗有两个可能的方向：（1）

关注此时此地的情况（直觉和惊恐发作）；（2）深入探究过去（糟糕的致幻剂之旅）。卡尔不想触及那些有关致幻剂的记忆，但他愿意为自己目前的情况努力。我们进一步帮他提高了身体意识，并探索了那种直觉，尤其是当它发生时是什么感觉。我让卡尔成为他自己的侦探，仔细记录有那种感觉的时刻：在什么时间、什么情况下、持续多久，等等。在接下来的几周里，他发现自己通常在便秘那几天的上午有那种感觉。早上正常排便的时候就没有什么感觉，也不会惊慌。然后治疗思路就清楚了。下一个任务，是让卡尔观察他早上例行的事以及早餐菜单，看看在非惊恐发作的日子里有什么不同。这很容易。如果在早晨他至少提前一个半小时起床、吃早餐然后去上班，他就会没事。在惊恐发作的早晨，他只用半个小时洗漱，喝杯咖啡，不吃任何早餐就跑出门。我认为，没有摄入任何蛋白质或碳水化合物就空腹摄入咖啡因，再加上不吃早餐导致的血糖下降，可能加剧了他在那些日子里的恐慌情绪。卡尔自告奋勇制订了严格的起床及早餐时间表。很短一段时间后，惊恐发作就完全消失了，因为目标已经实现，那时他决定停止治疗。不过，由于治疗体验非常好，一年不到，他就再次回来，以解决他对创伤场景闪回的恐惧以及糟糕的致幻剂之旅本身的影响。

注意： 有些情况下向来访者传授身体意识是被禁止的。主要是下面两种情况（当然还有其他例子）：（1）创伤对身体的伤害非常大，任何试图感知身体的尝试都会过度加速触及创伤，造成崩溃的感觉，并有代偿失调的风险；（2）来访者在想要"正确"地感知自己身体时会有压力，从而产生一种焦虑的表现。对这两类来访者而言，我们应将培养其身体意识的任务搁置一旁，转而着眼于前一章中概括的基础工作——提高安全感、建立治疗关系、建设内部和外部资源、寻找"乐土"。之后，当这些来访者感觉更平静时，深入探究令他们生畏的身体感觉领域一般会更容易。

与感觉做朋友

从以上案例可以看出，患有 PTSD 的来访者，尤其是那些患有焦虑和惊恐发作的来访者，当身体感觉提醒他们想起过去的创伤时，他们往往就会认为当前的感觉是危险的。当无法把安全的感觉与危险的感觉区分开时，所有的感觉都会被认为是危险的。适时和有节奏的身体意识训练可以让来访者重新接受感觉好的一面。

感觉是一种衡量标准，当我们处于疲倦、警觉、饥饿、吃饱喝足、口渴、满意、寒冷、温暖、舒适、不适、快乐、悲伤等状态时，感觉会告诉我们。对那些害怕自己的感觉或希望自己没有感觉的来访者来说，让他们想象无法感到疼痛或者恐惧会怎样，会很有启发性。例如："你怎么才能知道锅太烫了不能碰？你可能会被烫伤而不自知。""你怎么才能知道运动的极限在哪里？你会很容易受伤。""如果感觉不到害怕，你怎么会知道不要在空旷的街道独行或是不要靠近野狗？"用不了多久，来访者就能认识到，如果察觉不到这些感觉，生活会变得非常危险。

通过渐进式的身体意识训练，来访者会熟悉自己的身体感觉。通常他们会发现，对它们了解得越多，他们就越不害怕。

身体意识是识别情绪的基础

你也许还记得第三章中，达马西奥的躯体标记理论认为，尽管个体的某种身体感觉可能与几种不同情绪都有关，但每种情绪只有一组独立的与之相关的身体感觉。对于无法识别和命名自己情绪〔临床上这被称为**述情障碍**（alexithymia）〕的来访者，建立身体意识的意义是无价的。

帮助来访者识别情绪的策略包括治疗师利用机会观察来访者情绪表达的情况（面部表情、姿势、语气）。这是打断当前讨论或程序的好时机，治疗师可以询问来访者："你现在感觉到身体中的什么了吗？"或者更具体地问："你有没有注意到你的呼吸发生了变化？""你的脸是不是变热了？""你刚才吞咽很困难吗？"身体状态的逐渐关联可能会累积，直到来访者能在同一时间内体验多种感觉。到那时，治疗师可以询问来访者在其人生早期是否体验过那些感觉，如果体验过，当时的情绪感受是什么。另一种可能帮助来访者识别情绪的策略是将体验外化，也就是通过询问来访者其他人在有这样的身体感觉时会有什么情绪，来间接了解他们的感受。

把身体作为心锚

对当前身体感觉的意识可以将一个人固定在当下、此时此地，并且使他更容易分清现在与过去。当一个人能意识到身体感觉，他就不太可能迷失或停留在过去。这在治疗创伤和PTSD时非常重要，因为治疗过程会大量切入过去的记忆，而且所引发的心理代偿失调会很严重。感知身体是一种当下的活动。人可以长期地记住某种感觉，并会在当下感知到这种被记住的感觉。当然，当感觉触发创伤场景闪回时，一些来访者需要额外的提醒物来分清现实与回忆。

查理和狗（三）

帮助查理专注于他的身体意识，对使他平静下来以及解除僵住状态至关重要。我反复引导他注意他的身体："你的身体现在正在发生什么？你还能意识到其他的什么吗？"他的腿很僵硬，呼吸不畅，口干舌燥，心跳得很快。幸运的是，查理对自己的身体有很好的感觉，我们充分利用了这一点。我一直引导他回到相同的地点，以评估腿部、呼吸、心跳和嘴巴的细微变化。他越是检视自己的身体，就越觉得平静。一次又一次地重复循环，他的双腿松弛了，呼吸和心跳也都缓和了，只有口干舌燥还没缓解。

把身体意识作为心锚与"油门"

查理和狗（三），概括了把身体意识当作一种心锚的方法。

当设定心锚成为目标时，身体意识的检查就必须快速进行——不是超速，而是不要让来访者长时间专注于一种感觉。问题也必须用现在时来提出，目的是让来访者保持在此时此地。这类快速的身体意识检查可以用来"了解体能"或减少一些压力。相反，缓慢进行，即长时间关注一种感觉，可能会激起更多创伤回忆。（这对查理来说是禁忌，因为他当时还没准备好应对更多——就像高压锅已经处于压力最大值了。）

与想象的不同，当来访者被鼓励用这种快速扫描法关注和描述自己的身体感觉时，他们通常不但不会更焦虑，反而会变得不那么焦虑。熟练掌握这种方法之后，许多来访者会报告说，在创伤治疗期间将注意力转移到当前的感觉上对他们来说是一种解脱。身体意识可以成为与当下的安全链接。

如上所述，身体意识也可用于加强心锚和安全之地。积极身体感觉与它们的相关程度越高，它们的镇静效果就越好。

把身体作为标准

监测来访者的身体感觉，尤其是那些能够识别自主神经系统（ANS）状态的感觉（参见图3.1），为治疗的进行提供了可靠的指导。

识别过度疲劳以及 ANS 过度激活迹象，是一项很容易学会的技能。但就像任何其他技能一样，它需要练习。通过关注来访者的身体发生了什么，治疗师能够获得有价值的、客观的衡量标准，用来读取来访者的唤醒状态。教会来访者识别自己的 ANS 激活迹象也很有用，这可以帮他们获得更好的身体意识以及自我的认识和控制。

ANS 并不是创伤治疗中唯一可用的判断标准。关注其他类型的身体意识也会很有用：紧绷、胃部不适、视力或听力的变化等。有时坚持关注一种感觉，随着治疗进展跟踪它的变化，也会很有用（详见本章末尾）。

局限性

治疗师的观察结果，与来访者对 ANS 状态的感觉反馈相结合，是创伤治疗师调节治疗最有力的工具之一。但这些观察结果有一定局限性。

观察肤色是评估 ANS 状态的主要工具，因为皮肤，尤其是面部皮肤，通常对治疗师来说是很容易观察的。当然，浅色皮肤更容易看出来，不过深色皮肤也会泛红和变苍白，这只是如何调整眼睛以识别它的问题。深色皮肤同浅色皮肤脸红的表现不一样。随着涌入皮肤的血液增多，深色皮肤会变暗红。同样，深色皮肤也不会变苍白，但当失去因血液流动引起的红色时，它会变得发灰。

当然，有视障的治疗师在观察 ANS 唤醒的工作中是受限的。

但是，有些局限性可以转化为优势。因为如果来访者必须提供给治疗师他无法直接观察到的信息，他们就必须练习关注和报告自己的感觉。类似的问题也出现在一些情况会因眼神接触而恶化的过度觉醒的来访者身上。对于这些来访者，短暂的转身或改变治疗师的视线方向，可能会非常有帮助。当遇到这种情况，治疗师可以趁机说："不看你对我来说没问题。不过，因为看不到你，所以我需要一点儿帮助。告诉我，你现在脸感觉热不热？"（体温升高更多地伴随脸色潮红，而皮肤冰冷则对应脸色苍白。）"你的呼吸是怎样的？胸腔上下移动，还是你的腹腔向外和向后移动？"即使来访者的身体意识技能通常情况下都很弱，但在这种情况下，他们一般会很愿意合作。

测量和调节过度觉醒

治疗师通过观察得来的以及来访者反馈的身体意识来衡量ANS，可以提高主观干扰程度量表（*Subjective Units of Disturbance Scale*，SUDS）的信度（Wolpe，1969）。正如它的标题所示，这是一种主观衡量标准，来访者以 1 ～ 10 的等级给自己的情绪状态打分，1 是"完全平静"，10 是"最不安"。通过利用视觉及来访者对感觉意识的反馈来观察 ANS，治疗师能够进行额外的评估。例如，来访者在心跳加速或手部湿冷时（ANS 高度唤醒的迹象），常常给出较低的 SUDS 评分，这可能表明潜在的焦虑正在以某种方式被解离。结合 ANS 观察结果使用 SUDS，可以在意见一致或不一致时为治疗师提供重要信息。

当你了解了这些指标后，只有在应用这些工具时，良好的治疗节奏才有可能实现。以下是可能出现的错误的示例：

> 格雷特小时候曾遭到殴打。随着她长大，一系列的情绪问题接踵而来。她在 30 岁出头时，因代偿失调以及一想起被殴打经历就会恐惧，开始接受治疗。在无数次的面谈帮她稳定下来、建立了治疗关系等之后，有一天在接受治疗时，她鼓足勇气告诉了我那个创伤性事件。我听了她的话，既感动又吃惊。我高兴的是，她觉得自己准备好深入探究自己的创伤，我也很好奇她会透露些什么。由于兴趣，我忘了自己的一条经验法则：有时最好要抑制住好奇心。我忽视了对她 ANS 反应的监测，也忽视了定期帮她"踩刹车"。尽管我有点儿意识到，她的脸逐渐苍白、越来越僵，但我还是让她继续说。在面谈快结束时，她曾灵动的面容已经僵得像一张面具。她说自己还好，就是感觉有点儿"怪"。面谈后没过多久，她就陷入了焦虑。那周接下来的时间里，我一直接到她惊慌失措的求助电话。

要想让格雷特的交流可控，治疗师需要做的就是密切留意她不断恶化的过度焦虑，以及紧张的表情。治疗师应该定期停顿，以便在她焦虑过高之前，可以转向一个心锚、安全之地，或其他能提供心理支持的资源，从而完全改善治疗效果。这样她可以轻松地喘口气，也就是"踩刹车"。即使她没能完成整个故事，她也会度过更轻松的一周。

以这种方式打断来访者，可以防止唤醒水平攀升到引起解离、僵住或让来访者难以承受的地步。定期的休息、"刹车"和心理资源建设可以降低唤醒水平。在整个治疗过程中，这种类型的持续干预，可以使来访者在更舒适的水平上处理可怕的记忆。当观察来访者并询问其身体意识时，治疗师可以很容易地评估其 ANS 的状态。下面按程度不同列出了从唤醒到过度觉醒的状态。

- 放松的系统：主要是副交感神经系统（PNS）的适度激活。呼吸轻松深沉，心率缓慢，肤色正常。

- 轻微的唤醒：PNS 有低度到中度激活的迹象，同时伴有交感神经系统（SNS）的低水平激活；可能出现呼吸或心率加快而肤色保持正常，或是皮肤苍白、轻微出汗但呼吸和脉搏平稳，等等。

- 中度觉醒：主要是 SNS 唤醒水平提高的迹象，如心跳加快、呼吸加快、皮肤变得苍白等。

- 严重的过度觉醒：SNS 表现出非常高的唤醒水平，如心跳加快、呼吸加快、肤色苍白、出冷汗等。

- 危害性过度觉醒：SNS 和 PNS 都高度激活，如皮肤苍白或变浅（SNS），并且心率缓慢（PNS）；瞳孔大幅度扩散（SNS），并且肤色潮红（PNS）；心率缓慢（PNS），但呼吸急促（SNS）；呼吸非常缓慢（PNS），但心率很快（SNS）；等等。

放松的系统表明来访者是平静的，治疗正在以令人舒适的速度进行。轻微的唤醒表明兴奋和 / 或可承受的不适。放松的或轻微唤醒的 PNS 可能意味着来访者体验到伤心、愤怒或悲哀等情绪，但大多数个体足够稳定，能承受这个程度的负面情绪。中度觉醒可能意味着个体难以应对当下、相当焦虑，也许需要"踩刹车"了。而严重的过度觉醒，则意味着必须对来访者"踩刹车"了。

危害性过度觉醒，则是来访者正处于高度创伤状态的标志，说明这个过程正在加速失去控制，来访者很可能正在经历某种类型的闪回（想象、身体感觉、情绪或所有方面）。这可能导致恐慌、崩溃或强直静止等反应。这个程度的觉醒状态也可能包括愤怒、恐怖或绝望的情绪，我们必须通过身体意识和 / 或下一章中将提到的策略，来"踩刹车"。在选择送来访者回家、继续探索或处理创伤性记忆之前，治疗师必须先帮其稳定下来。稳定的标志是 SNS 低度激活，或基本只有 PNS 的激活。学会观察在 ANS 唤醒下的身体征兆，可以避免让来访者出现这种高度创伤（可能是再创伤）状态，并在出现这种状态之前放慢治疗。

在一次治疗过程中谈起创伤时，鲍勃的脸和胸口明显发红（他穿着 V 领衬衫）。他说，自己感到脸和身体发热，心率加快。我可以看到他的呼吸非常快而且浅，这是 SNS 和 PNS 高度激活的迹象，显然他正经受着极大的不适。我通过改变话题来"踩刹车"，换了那种能让他想到自己的长处和能力的话题。当他平静下来（他的脸色、呼吸和心率基本恢复正常）后，他重新回到了那个困难的话题。在创伤话题和"刹车"之间反复几次之后，鲍勃和我达成了一种默契。最后，当再一次触及创伤话题时，他的心率、肤色和体温没有超过轻微的唤醒水平，他的呼吸放慢并且加深了——这些都是正常的 PNS 激活的特征。鲍勃可以感觉到，我也能看出，他的 SUDS 评分已经降到了 0。

"踩刹车"和降低唤醒水平，其目的不仅仅是给来访者暂停和安全感。就像上面的例子那样，它还能让治疗在较低的唤醒水平上进行。如果不"踩刹车"，唤醒水平就会越积越高（见图 6.1）。

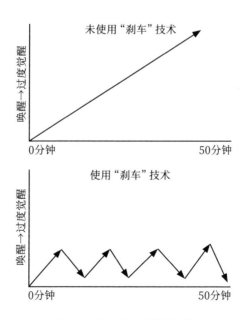

图6.1 治疗中的创伤处理

调整创伤叙事的速度

在复述创伤性事件时，来访者说的细节越多，出现过度觉醒的风险就越大。通过观察 ANS 决定要不要"刹车"，在很大程度上有助于来访者承受和消化这个过程。把创伤叙事分为三个阶段，也有助于控制这个过程：（1）为创伤命名；（2）简单概括创伤中的主要事件；（3）补充各个事件的细节，一次一个。

首先，让来访者说出创伤的名称（如"我在恐怖主义爆炸中受伤了"）。观察并询问来访者的身体状态，如果出现了过度紧张的迹象，这说明来访者的心理状态不允许他再讲述更多。此时治疗的首要任务应该是稳定情绪、放松肌肉、建立信任和安全感。

但如果来访者能说出创伤名称，且没有出现过度的唤醒或解离，或以可控的方式宣泄情绪后唤醒水平下降，那下一步就是让来访者概述创伤的主要问题，但不涉及细节。

"当时发生了爆炸。"

"我被弹片击中，并摔在地上。"

"救护人员以为我已经死了，他们越过我去救还活着的人。"

"我还能打电话求救，然后得到了救助。"

"在医院里，我母亲歇斯底里地怪我蠢，不该去镇上的那个地方。"

　　有时，来访者很难紧扣主题，容易离题而进入细节。治疗师有必要打断来访者，将其叙述内容控制在任务范围内，并避免令其过度觉醒。就算来访者想一次性详细讲述整个事件，也不要鼓励他这样做。如果来访者坚持，治疗师有时最好让其继续说下去，但有时则不行。更好的做法也许是向来访者解释节奏的重要性，并鼓励自我监测。ANS 和其他体征是很好的衡量标准。最好不要超过来访者 ANS 所能承受的速度。另外，最好找到一个合适的节奏，可以让来访者理解其自身的反应，以及引起这些反应的事件。

　　最后，当来访者做好准备（可能接下来就马上准备好，也可能多年后才准备好），他本人和治疗师都可以监测其过度觉醒水平时，他就可以详细叙述事件的每个细节了：

　　　　"发生了爆炸，震耳欲聋。我在听到爆炸声前，就感觉不对劲了。我没时间感到害怕，因为一切发生得太快了。每个人都在尖叫，由于爆炸，我听不到他们的声音，但可以看到他们痛苦地张着嘴。我想逃，但做不到。我几乎晕倒了……"

　　在这个步骤中，治疗师必须定期打断来访者，检查其 ANS 唤醒水平。如果来访者已经建立了心锚，他可以在暂停时用心锚来平息任何过度的焦虑，这样，来访者会更容易继续叙述。很多来访者反映说，这种策略使他们对自己的记忆有控制感，而这种控制感是以前没有的。

把身体作为"刹车"

以下案例来自我早期的一篇文章（Rothschild，1993）。它的内容与如何用简单的身体意识来减少过度焦虑并中止持续的惊恐发作有关。

一位年轻女性因广场恐惧症和惊恐发作，被转介到我这里接受治疗。起初，我们的工作聚焦于开发她的身体意识，提高她的界限感，并建立朋友支持网络。身体意识方面的工作包括有条不紊地提高对身体感觉的自我容忍度，因为她对这些感觉相当害怕。我在讨论话题时穿插着问她的身体感觉，以便留意这些感觉如何随着话题而变化。如果她变得焦虑，我们就会一直关注这些感觉，直到感觉消退。不久后，她就能自己一个人住了，并开始在离家很近的地方工作。

五个月后，她又来接受治疗，说一周前在工作中，她遭遇了迄今为止最严重的惊恐发作。接着，她精确地描述了发作过程：焦虑从哪里开始，呼吸、心跳、肌肉和体温的变化。最后，她说："我全身感觉有点儿热，然后就结束了。"整个过程只持续了一两分钟，她为自己感到非常自豪。在她漫长的发病史中，这是她第一次能在恐慌的过程中坚持到底。她以前不相信自己可以渡过难关，也不知道惊恐发作其实很短暂。据我所知，虽然她之后偶尔也会

焦虑，但再也没有惊恐发作过。

把身体作为日记：理解感觉

通过感觉的储存和传递系统，身体掌握了许多用以识别、获取和解决创伤经历的方法。

识别创伤的触发因素，是创伤治疗的巨大挑战之一。环境中的刺激会在不经意间引发来访者的创伤反应，这些反应往往被听之任之，而其背后的原因未得到探究。追溯这些反应的源头，也就是触发因素，可能是工作重点之一。这样，身体意识就会有利于解决创伤。以下方案将有助于识别创伤触发因素。

- 注意你现在身体里的感觉。尽可能精确地描述它们，尤其是呼吸、心跳和体温变化。

- 回想并确认：你最近一次整个人感到很平静是什么时候？把它记作 A 点。

- 请确认：你这次感到不安是从什么时候开始的？把它记作 B 点。

- 反复回忆在 A 点和 B 点之间发生的事，记下你所处环境的各个方面：人、对话、物体、行为。还可以回忆一下，你对整个过程是怎么想的；当你专注于各个方面时，留意你的身体感觉。

- 用各个元素问问自己："这是不是让我不安 / 害怕 / 困扰的东

西？"并留意你的身体和情绪反应。

● 通过当下不安的身体感觉和／或情绪的增加，你可能会发现创伤的触发因素。

这个方案并不是对所有人都有效，但它对我的许多来访者非常有用，尤其是那些有焦虑和惊恐发作的来访者。

莎拉看了一部电影后，整个人处于压力非常大的状态，她使用了这个方案。看完电影后，她的心脏不知为什么整晚狂跳。看电影过程中出现不安并不奇怪（看电影前她也一直很平静），但她不知道自己为什么不安，真正原因又是什么。正如她在治疗中学到的那样，入睡前（毕竟在亢奋的状态下是很难入睡的），她独自坐着，大声地给自己复述了电影的故事。就在故事结尾，她的眼泪涌了出来，整个人开始颤抖。她不安的根源有点儿不可思议，但也可以理解：电影也许触及了她创伤的隐匿之处。她觉得自己可能找到了答案的方向，因为当她停止哭泣时，脉搏又恢复了正常，并且没有再感到不安。她记下了此事，准备等那周治疗时跟治疗师讨论。喝了杯安神甘菊茶后，她睡了个好觉。

只是通过反复回忆 A 点（电影前）和 B 点（电影后）之间的身体感觉，莎拉就找到了让她不安的根源，也就是她有未解决的童年创伤问题。识别出触发因素后，她就不再焦虑了，并且能控制情绪，等待之后的治疗。

感觉也可以用来理解躯体记忆，这一般是通过慢慢探索身体意识实现的。来访者在某个感觉上停留一分钟或更长时间，看看发生了什么。举个例子：

五年前，60 岁的唐娜仍在为去世三十五年的丈夫感到悲痛。她丈夫去世时的事非常让人震惊。他坐在她开的车里时，心脏病突发。他死前，她发疯一般开车把他送到急诊室。当然，我花了很多时间帮她应对这一变故和悲痛。与此同时，右臀部的慢性疼痛一直折磨着她，这是在她丈夫死后一年左右出现的问题。虽然骨科医生、按摩师和针灸师的治疗都有所帮助，但她的疼痛仍然存在。于是，她决定看看我是否也能帮忙解决这个问题。我让她把注意力集中在臀部，尽可能具体地描述疼痛的感觉，如疼痛的类型、位置，它是持续不断还是阵发性的，等等。受莱文的 SIBAM 模型启发（曾在第四章讨论过），我研究了她意识的其他方面。当她一直专注于臀部的疼痛时，我询问了她其他部分的身体感觉。听起来，她越是关注疼痛，心脏就跳得越快。我还让她同时留意自己的情绪。她说感到很害怕。我让她在这些感觉上停留几分钟，持续感受疼痛、心跳、恐惧。随着她做出努力，她的右脚在我的地毯上越抠越深。没过多久，她就开始大口大口地喘气，并啜泣起来:"我竭尽所能想开得快一点儿,我把油门踩到底。但那是一辆旧车,我就是没办法让它开得更快!"很明显,她臀部疼痛问题来源的一个重要部分,就是这段踩油门的记忆。我的治疗并没有完全治愈她的身体问题,因为她的腿已经紧张了四年。但我的工作使疼痛减轻了,让对她身体的治疗变得更有效。这次心理治疗也让未竟的哀悼得以完成,让她释放了一些因没能尽快去到医院而产生的内疚感。

把躯体记忆作为资源

躯体记忆这个词,通常与对创伤性事件的恐怖记忆连在一起。但是,身体也会记住积极的感受。对身体感觉的意识可以帮来访者快速回到过去,不但想起被遗忘的创伤经历,还能找回曾失去的心理力量。

想起坐在奶奶厨房里的安全感(强调身体舒适的感觉),比想起一个可怕的事故,可能对来访者目前的功能更重要。有时,积极的躯体记忆可以帮助来访者解决当下的困境,使他不用非得直面引发这种困扰的可怕的创伤性记忆。然后,如果来访者最终决定面对创伤性事件,他就可以利用成功使用积极记忆的经历缓解恐惧情绪。

汤姆目前的工资水平让他入不敷出，他必须去向老板提加薪了。但他已经把这事拖了太久。汤姆的父亲一直很专横，如果汤姆表现出任何不满，父亲就会狠狠地揍他。想到要在工作中为自己发声，汤姆就感到恐惧。于是我们决定，在接受心理治疗的这个特殊环节，为他建立起心理力量。这比解决他父亲的问题更有用。

我让汤姆回忆一下，他有没有过成功且安全地坚持自己主张的经历。他说自己最大的一次胜利是在五年前，当时他鼓起勇气，第一次约了一个他喜欢的女孩。她后来成了他的妻子，他仍然非常爱她。我帮助他在身体和心理上进行回忆：在约她出来前，你有多害怕？而之后你又有多自豪？当他说起他们第一次约会结束后离开她家门口时，他的脚轻微地移动了。我让他留意这个动作：你自己有没有意识到过这个动作？没有，他以前并没有。但当我提醒时，他意识到了。我鼓励他重复这个动作，然后稍微夸张一点儿。他立即认出了这个动作。在他们第一次约会后，他几乎是跳着舞从她公寓的楼梯走下来的，而他的脚在不知不觉中记住了这种欢庆。当脚在跳舞时，他有什么感觉？棒极了！兴奋、自信、放松。

接下来的任务有点儿挑战性。我让他想象一下，他踩着舞步去找老板，提出加薪的要求。他仍然感到焦虑，但没有之前那么焦虑了，而且还对这种挑战性的想法感到有些兴奋。当然，目前对汤姆来说，"踩着舞步"进入老板的办公室是不够慎重的。于是我们改善了一下，让他把舞蹈动作分解为脚趾和脚跟的细微转动，这样当他和老板谈话时，无论是坐着还是站着，这个动作都可以不引起注意。

最终，一周后他找了老板并确实得到了加薪——虽然涨幅没有他要求的那么多，但可以接受。他也为自己感到非常骄傲。他曾经很害怕，但用不易觉察的脚部舞蹈动作强化了记忆中成功时感到的自信以及妻子的爱与支持，这让他坚持了下来。

以身体为资源，促进创伤治疗

下面的案例，演示了如何用身体意识、"刹车"及心锚来减少创伤性回忆带来的痛苦。治疗师将了解到把自己的专业知识运用在延长暴露时间、使用双边刺激、从旁观者角度看待记忆等方面更适合。关于治疗师意图和 / 或理论的解释性评论在括号里用楷体字表示。

盖尔（一）

（盖尔 40 多岁，是两个孩子的母亲。她一直想解决自己 18 岁那场车祸造成的创伤，但最近才觉得准备好面对它了。下文用"G"代表盖尔，"T"代表治疗师。）

T：我们这样坐，你觉得行吗？（我坐在椅子上，而 G 选了地板上的一个位置。）

（通过让来访者注意界限、位置和距离建立安全感。）

G：不行，你坐得太远了，而且我们这样一高一低。

T：你觉得怎么坐好呢？（G 走近我，从地板坐到椅子上。）

（在可能的情况下，给来访者以控制权。）

G：这个距离感觉不错。

T：你怎么知道这感觉很好？

（将身体意识与认知评估联系起来。）

G：因为这样，聊天的时候身体就不用往前或向后倾。

T：好的。你希望这次治疗能帮你些什么？

（来访者控制：着手解决 G 想解决的问题。）

G：我十几岁时发生的那场车祸，到现在它对我的影响仍然很大。

T：你这么说时，身体有什么感觉吗？听起来你好像下了很大的决心。

G：害怕。

T：哪些身体感觉让你知道自己很害怕？

（将身体意识与情绪联系起来。）

G：我手心出汗，这里感到心烦意乱（指着胸口）。我脑子里在问自己"真想这么做吗"，而且我还觉得肩部很紧张。

T：你真想这么做吗？

G：是的！（微笑着。）

T：你自己内心想面对的那部分，感觉是怎样的？当你笑着说"是的"时，你看起来很不一样。

（强化来访者可以面对创伤挑战的那部分。）

G：那场事故在很多方面影响了我，我不希望它再影响我的生活了。

T：你这样说的时候，身体有什么感觉？还像刚才那样紧张不安吗？

G：不，没那么紧张了。

T：所以你能感觉到你的这个部分——确实想面对问题的那部分？

G：是的。

T：你也能感觉到不想面对问题的那部分吗？

（G要承认并接纳这两种现实：她的一部分想要面对并解决创伤，而她的另一部分不想。几乎所有有创伤的人都是如此。创伤治疗是值得的，但不是特别令人愉快。）

G：我能感到心跳加快，害怕。我心想，"这是怎么了，这是怎么了"……

T：好的。那为什么你想接受治疗了？为什么必须解决这个问题？

（让G想要面对创伤的那部分参与进来。当治疗过程变得棘手时，这个部分将是一个有力的盟友。）

G：我一直怕家人出意外。要是孩子们想做点儿有挑战的事，我就会担心。我担心他们不知轻重，会受伤。那场车祸就让我受伤了。我当时没有把限制当回事。我现在知道自己的担心与那场车祸有关。我可以为此做点儿什么！我意识到那场事故在我的生活中具有很大的影响力，现在我觉得我可以对付它了。

T：你刚才说的是"我可以为此做点儿什么"。

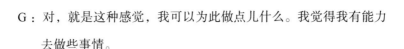

G：对，就是这种感觉，我可以为此做点儿什么。我觉得我有能力去做些事情。

T：再说一遍这句"我可以为此做点儿什么"，看看你的身体有什么感觉。

（用身体感觉来支持 G 的信心，即她现在已准备好面对这个问题了。）

G：我感觉到我有力量能去做点儿什么了。

T：你怎么感觉到这种力量的？

G：我感觉它在这里（指着胸口）。

T：与之前紧张不安的位置相同？

G：是的。

T：那里感觉如何？

G：感觉很好。我有能力做些改变，这感觉真的非常好。

T：你是在这里（我指着我的胸口）感到这种力量的吗？就在左边？

G：是的。

T：好的，那我们继续吧。如果我们在治疗中，遇到让你很不舒服的感觉，如焦虑、身体僵硬（也许是僵住）或其他什么，我们要怎么休息一下，让你从那种感觉里走出来？有什么话题可以让你自信或感觉良好吗？

（建立一个心锚，以便在创伤治疗变得过于紧张时使用。）

G：大自然，树木，在森林里散步。

T：你最喜欢走什么样的小路？

G：有清澈的小溪，有很多石头、树……

T：你有没有特别喜欢的地方？

G：有的，有一个地方是我最喜欢的。

T：当你谈到它时，身体有什么感觉？

（在与心锚连接、重新连接时，尽可能多地引入身体的感觉：视觉、听觉、触觉、嗅觉、味觉等。）

G：我感觉非常好（笑）。我觉得自己在笑。

T：我想我们现在可以更进一步了。你觉得呢？

（再一次把控制权交给G，即使是在我主导的时候。）

G：是的。

T：好的。首先，我想听一下事故的大概——不是细节。

（在这一点上，将她控制在与创伤联系的边缘，不让G在记忆中陷得太深。不要超过G的认知、身体和情绪资源所能处理的程度。）

G：我当时十几岁，在开车。车子撞上了公路旁松软的路肩，失去了控制。车打了大概三个滚。我被困在车里，直到有人把我救出来。

T：当你告诉我这些大概情况时，你的身体感觉如何？

G：我的心脏跳得更快了，手心又出汗了。我觉得这里有东西（指着头）。

（即使只叙述大概情况，她的ANS也会产生大量兴奋感。）

T：你还能看到我吗？

G：能。但不像刚才那么清楚了。

T：是的，你的眼睛和刚才有点儿不一样。

（我看到 G 的眼神失焦了。）

G：我感觉离你更远了。

T：身体感觉上离我更远了吗？

G：不是，就是有种隧道般的感觉。

T：是看起来感觉像在隧道里后退吗？

G：是的。

（G 可能正处于解离和／或僵住的边缘，是时候转移到心锚上了。）

T：你喜欢在哪儿散步？

G：（说了一条河的名字，并描述了它的位置。）

T：那里有没有你特别喜欢的石头或树？

G：那里有花岗岩，非常大，我喜欢踩着它们，坐到河中央的岩石上，水在我周围流动。

T：你现在在身体有什么感觉？

G：感觉果然不一样，手臂麻麻的。

T：是舒服的那种麻吗？

G：是的，而且平静多了。

T：我们现在的距离呢？

（看看 G 有没有重新建立联系。）

G：又靠近了，你在我的视野里更清楚了。我能感到自己在笑。

T：好的，很好，所以这样做是有用的？

（让 G 和我确认心锚技术的有效性。）

G：是的（笑）。

T：我们稍微回顾一下那场事故，可以吗？

（休息后，我指导G回到她的创伤。）

G：可以。

T：车祸后发生了什么？你说你当时被卡住了，后来才从里面出来，你记得吗？

（我倾向于先探讨创伤性事件之后的事。创伤后事件和创伤性事件本身一样让人有心理阴影，甚至更严重。在创伤性事件之后，人的信念体系往往容易发生崩塌。关于这一策略的详细讨论，见第八章。）

G：是的，我一直都是清醒的，但我不记得是谁把我弄出来的。然后我们坐上了一辆救护车，也可能是警车。我朋友一直在问同样的四个问题，一遍又一遍，我敢说这真的要把警察逼疯了（笑）。当时我有点儿休克了，开始觉得恶心什么的。警察担心我有内伤，但一直被我朋友烦得不行。

T：你朋友在车上吗？

（出现了一个新信息。）

G：是的，但是开车的是我。我当时还在学车阶段，正准备参加考试。

T：我觉得问题就出在你说的"但是开车的是我"。你同意吗？

（这个猜测值得确认一下，因为往往人的决定、判断或信仰与其责任感有关。）

G：是的，很有关系，因为我们已经说好要在经过那里（车祸发生前一个路口）时换她开。但我开得很好而且乐在其中，所以我就继续开下去了。随后我们就出事了。

T：你现在身体有什么感觉？

G：我胃里很奇怪。好像有什么东西让我决定继续开车，如果我们
没有……

T：这对你来说意味着什么？也就是你们俩有个口头约定，然后决
定越过它，而且恰好是……

G：……越过了我们设的限……

T：……"越过了"你们设的限，以致发生车祸吗？

（理解创伤性事件的意义，对于把该事件整合进来访者的经历
来说，往往至关重要。）

G：当我那么说时，我能感到我很气自己没有遵守设的限。

T：你身体里感觉到什么？

G：没什么。这不是一种生理愤怒，更像是一种自责——"我为什
么要那样做？"。

T：我想做一下现实测试，你真认为那跟车祸有关吗？

（现实测试非常有用，可以挑战来访者的观点、结论和判断。）

G：当然有关！

T：为什么？

G：如果只是开上了路肩是不会翻车的，出事是因为我不会在打滑
的情况下控制住车。我朋友开车经验丰富，能在打滑的情况下
控制好车。我相信我朋友肯定不会把车开出去——毫无疑问。
我当时分心了，手忙脚乱。

T：你现在身体感觉怎么样？

G：还行。

T：我们的距离如何？

G：很好，而且看你看得很清楚。我觉得这很有意思。

T：听上去你认为你当时分心了。但是你又说是因为你没遵守约定、越了限，所以开上路肩打了滑。有没有可能，在你越限之前，也可能发生这种事？

G：哦，也有可能。但车祸发生那段路相对不太安全。我还没提到，就在我们翻车那条路的另一边，有个长长的陡坡，通往一条水流很急的大河。而说好由我来开的那段路比较平坦。

T：那现在你身体里感觉如何？

G：感觉有点儿恶心。虽然最后的结局还行，但可能会发生什么呢？！

（这是留着要回来讨论的事。G 的一些创伤反应可能来自对突发事件的想象。但当下，我关心的是她的恶心症状。）

T：我们的距离如何？

G：我感觉有点儿退后，但不像之前那么远。你有点儿变暗了，你的脸还是亮的，但你其他部分都变暗了。

（她可能又到了解离的边缘，是时候回到心锚上了。）

T：我们来聊聊别的河吧。

　　G 笑了。

T：你喜欢的那条河叫什么？

　　G 再次说出名字，我们就它拗口的发音讨论了一会儿。

T：那里的石头是什么颜色的？

G：灰白色，上面有很多苔藓。

T：那里也有树吗？

G：是的。橡树，橡树林。我在那里花的时间，可能比树上的叶子还多。我冬天常去散步。

T：你每天喜欢在什么时候散步？

G：都可以。

T：白天？晚上？

G：只在天亮的时候。

T：散步时能闻到什么味道吗？

G：味道很难想起来了。

T：你现在感觉如何？

G：和你近了，但还有点儿距离。我想告诉你我能做什么。我闻不到味道，但我可以告诉你我的感觉。我能感觉到胸闷和出汗。

T：你觉得哪里出汗？

G：手臂、脸、手心的皮肤。

T：我们距离如何？

G：好多了。

（G后来告诉我，这段治疗意义重大。她了解到要去感受那些存在着的感觉，而不是去关注那些不存在的。每个人容易感觉到的各不相同，有些人视觉更敏锐，有些人触觉更敏感，有些人听觉更灵敏，等等。）

T：你准备好回到创伤话题了吗？

G：是的。

T：我想问你，你说你当时开的这段路，比之前的那段要危险得多。你和你朋友决定由你继续开时，是知道这一点的吧？

G：是的。

T：那谁对这个决定负有责任？

（理性的责任分配，往往是治疗创伤的关键。）

G：我想我们都有责任。我俩讨论过这个问题。

T：你现在身体感觉如何？

G：很好。

T：决定是双方做的，这对你来说意味着什么吗？

（我想让 G 把她的新说法和她之前的判断联系起来。）

G：并没有。我在想，也许应该在我之前说那句话之后……但……

T：你刚才说的哪句话？

G：就是我会对自己越限的行为感到生气。

T：我也在想这个问题。你知道我为什么会问你吗？

（我经常会问来访者，是否知道我为什么问某个问题。我并不想做"猜猜看"游戏，如果来访者回答不了，我就会回答。然而这个问题往往对提高来访者的认知水平很有用。）

G：因为这不仅是我的责任，而是我俩的。在当时看来，这是个挺合理的决定。而且，其实我不知道那段路是否真的比我之前开的路段更危险。它们的危险各不相同，那段路车流少，但之前路上有很多车。是不同的危险。哦！说出来感觉真不错。

（G 对事故的认识发生了戏剧性的转变。）

T：这种"不错"，在身体感觉上是怎样的？

G：更放松了。那是个可以理解的决定。

（判断的变化似乎是一致的，因为 G 的身体感觉也发生了
变化。）

T：它不算出格的决定？

G：不算。

T：你对我们目前为止所做的讨论，感觉如何？

G：真的很有意思。我现在觉得那个决定不算什么大事。我意识到
我一直在责备自己，认为如果我不开车就不会发生那种事。这
就是我现在不敢开车的原因。这很重要。

T：我想，今天的谈话到此结束挺好的。

G：是的，我也觉得。

T：我们距离如何？

G：我们都在这里。

T：你的心跳如何？

G：很正常。

T：紧张感呢？

G：已经消失了。

T：好的，那么我们就谈到这儿吧。

通过实用的自省，ANS 回到了由 PNS 主导的激活状态，就可
以安全地结束治疗了。当然，这个创伤并没完全解决，但来访者已
具备接受下一步治疗的心理能力。此外，既然责任问题已经得到澄
清，其余工作应该更容易进行。第八章中，我将介绍对盖尔进行的
后续治疗。

第七章

• • •

躯体技术介绍

如何使创伤治疗更安全

条条大路通罗马，安全的治疗其实很简单。

双重意识

在非创伤者的正常治疗过程中，双重意识只涉及同时保持对一个或多个经历区域的意识。与身体意识一样，对多重刺激保持同步意识的概念，源于冥想和格式塔疗法。在这里，我们将双重意识作为安全治疗创伤的先决条件以及一种"刹车"和遏制的工具加以重点讨论。

PTSD分裂人的感知

我们大多数人都能随时平衡占据我们意识的任何内外感觉刺激。我们可以注意到当下体验的多个方面，因为注意力能从一种感觉、运动或活动转移到另一种，同时基于我们当下的环境和活动协调好身体的感觉。我们能将感知从一个参考点换到另一个，协商、妥协，并将各种输入调和成一个有凝聚力的整体。我们称之为当下的"现实"。当你肚子疼时，你就能用手头其他信息和感知来处理这种感觉，然后想起自己午饭吃了太多。另一种情况是，类似的疼痛可能使你认为，你不喜欢当前聊的话题或某人的语气。第三种可能是，有人刚刚提到看牙医，这让你意识到明天就轮到你了。

PTSD患者出现的一个问题是习惯于过度关注内部刺激，并从这个角度去解释一切。他们失去了辨别能力，把内部感觉与过去事件联系在一起，并用有限的信息对当下的现实进行评估。这样一来，同内部刺激相比，外部感知就失去了意义，身体内的体验和身体外的感知之间就会失调，同时处理多重刺激的能力变弱了，感知变窄了。

这可能导致对现实认识的严重扭曲，并引起更多痛苦。比如说，当某种感觉与危险经历相关联时（在PTSD中很常见），一旦感知到任何类似感觉，人就会马上得出结论，以为环境中发生了可怕的事，也就不去管其他的刺激或信息了，于是焦虑或恐慌就可能随之而来。当创伤个体为了预见危险而变得越来越高度警觉时，也就越来越失去识别危险的能力。当危险不能被准确识别，对安全的认识也就变得不可能了。危险无处不在，于是恐惧一直持续。

我听说过一些用来描述这种内外感觉刺激间的感知分裂的术语：自我（self）和观察者自我（observing ego）、核心自我（core self）和证人、儿童和成人、内部现实和外部现实，等等。然而，我更喜欢范德考克、麦克法兰和魏塞斯创造的术语：**体验自我**（experiencing self）和**观察自我**（observing self；van der Kolk,

Mcfarlane，Weisaeth，1996）。

培养双重意识

　　调和这种感知上的分裂，不仅是治愈创伤的必要条件，也是进行安全治疗的必要条件。除非来访者能同时保持对过去和现在的认识和辨别，否则他们不可能安全地处理创伤记忆。来访者至少在理智上必须明白，尽管自己正在面对的创伤可能感觉像正在发生的，但它属于过去。对不具有这种双重意识的患者进行创伤记忆挖掘，有可能导致其产生无法承受的过度焦虑，并陷入闪回。这也可能导致二次创伤：重新体验创伤，以及各种与之相关的恐惧、无助和绝望。

　　建立或重新连接双重意识的能力，使来访者能面对创伤，同时确认当下的现实环境安全无害，这种方法非常有效，可以弥合体验自我与观察自我之间的矛盾。

　　下面的来访者练习表明了体验自我和观察自我之间的差别，并演示了如何在两者间切换。这种练习可以在深入挖掘创伤记忆前，与来访者一起进行。它不仅令来访者有机会运用新技能，也是检查其双重意识能力，以及是否准备好面对更难问题的一个指标。以下指令是针对来访者的：

● 想一件最近让你有点儿苦恼的事，就是让你稍稍有些焦虑或尴尬的那种。你注意到身体有什么变化吗？肌肉呢？肠胃呢？呼吸呢？心跳快了还是慢了？有没有感觉到体温变化？如果有，变化是全身的还是局部的？

- 然后，让意识聚焦到你目前所在的这个房间。注意墙壁的颜色，地毯的纹理。房间温度如何？你闻到了什么？你的呼吸有没有随意识关注点的变化而变化？

- 现在，试着回忆那个让你稍微有些痛苦的事件，并保持对你目前周围环境的意识。当你想那件事时，还能不能保持你对身处环境的意识？

- 结束这个练习时，你的意识要集中在当下的周围环境上。

双重意识应用于惊恐和焦虑发作

承认体验自我和观察自我之间存在分裂，能够让许多来访者容忍身处易引发自己焦虑的情境之中。一个简单的技巧是接受并陈述（大声说出来或在脑海里想）同时存在两个自我的现实："我在这里感到非常害怕。"（体验自我的现实。）同时真切地环顾四周，评估情况，然后说（如果这是真的）："而且，我现在没处于任何实际危险中。"（观察自我的现实。）非常重要的是，关联词要用"而且"，它意味着两句话间的联系；不要用"但是"，因为它意味着对第一句话的否定。要传达的信息是"这两种现实都是真的"，而不是"没什么可害怕的"。同时接受这两种看法（观察自我的看法和体验自我的看法），往往能迅速减少焦虑。我们目前还不清楚为何这样做会有这么好的效果。也许，不接受体验自我的现实就会让焦虑升级，而改变这种情况后，整个系统就会放松。

双重意识应用于闪回

通过闪回来解决 PTSD 是不可取的，因为闪回经历会强化恐惧和无助感。如果患者面对无法承受的创伤时缺乏心理技巧，他们面对无法承受的闪回时就有同样的缺乏，否则也不会有闪回的问题了。这种情况下，无论过去还是现在都不可能实现整合。带着同样无助和恐惧的感觉重新体验创伤，只会加剧创伤。帮助 PTSD 患者的第一步是教他们停止和防止闪回。当闪回得到控制，治疗师就有可能用心理资源武装患者，让他们在更稳定的基础上面对创伤记忆。控制闪回，可使患者在可承受范围内一次一个地触及创伤记忆。

闪回有个问题，就是无法被预测——人们很难做好准备去应对它们。它们会在任何地方、任何时间被触发，甚至治疗环境也可能触发闪回。

治疗过程中有一个常见的治疗难题，即患者一旦进入闪回状态，就会认为治疗室是创伤现场，治疗师是施暴者。这种情况如果经常发生，治疗就会受影响。这是一个信号，说明来访者的体验自我有了自主权，并在其寻求帮助的地方感到了危险。而治疗师一旦被视作危险人物，就无法帮到来访者。

这种情况下，来访者的观察自我必须被唤醒，回到治疗室。通常治疗师要有一定的权威感（威而不怒）："看看你现在在哪里？""这里的墙是什么颜色？""地毯是什么颜色？""你现在穿的是什么鞋？""今天是几月几号？"等。

当来访者的观察自我（重新）开始运作时，就可以教他以下这个停止闪回的方案了。这种方案是基于双重意识原则，将体验自我与观察自我相协调，一般可以很快阻止创伤性闪回的发生。

来访者说出（最好是大声地说）以下句子，同时根据括号里的指示填空。

- 现在我感觉 _____ 。

  （填入当前的情绪名称，一般是恐惧）

- 而且我的身体感觉 _____ 。

  （描述你目前的身体感觉，至少说出三种）

- 因为我现在想起了 _____ 。

  （用一句话概括你的创伤，不涉及细节）

- 与此同时，我正环顾所处的地方，现在是 _____ 年。

  （当下实际年份）

- 这里是 _____ 。

  （说出你身处的地方）

- 我可以看到 _____ 。

  （描述你现在在这个地方看到的一些东西）

- 所以我会知道 _____ 。

  （再次用一句话概括创伤）

- 现在和以后都不会再发生。

实例一：

　　一位治疗师向我咨询。他的一名来访者曾被挟持，被关在地窖里。这位来访者最近到他的新办公室接受治疗，她发现办公室的位置略低于外面的街道。这间办公室的方位及通道与她曾被囚禁的地方相似，从而引发了她强烈的闪回，这导致她开始害怕这个治疗了自己两年的治疗师（本来她很信任他）。因为把治疗师和挟持者联系在了一起，她考虑终止治疗。我建议这名治疗师重新建立她的双重意识，将新办公室与她被囚禁的地点区分开，将治疗师与挟持者区分开。治疗师在下一次治疗中要把这种区分带入意识，帮助来访者认识到她的经验自我和观察自我的真实性。使用"闪回停止方案"（flashback halting protocol）后，来访者说：**"我感觉自己非常害怕你，因为你新办公室的位置让我想起了我被挟持时的情形，我怕你是挟持我的人。而且，我现在能看到你，我知道你是我的治疗师。我现在也能看到，你并没有也不打算伤害我。而且，我知道我可以随时离开这里。"**这名来访者后来能把过去和现在进行分离，因此他们也能继续保持治疗关系，进行治疗了。

　　闪回停止方案也可有效适用于可能是创伤性闪回的噩梦。它已经被用作睡前的一种仪式，为预测的噩梦做准备：

- 我将在夜里醒来，感到 ＿＿＿＿＿ 。

  （填入预测情绪的名称，通常是恐惧）

- 而且我的身体会感到 ＿＿＿＿＿ 。

  （描述你预测的身体感觉，至少说出三种）

- 因为我会想起 ＿＿＿＿＿ 。

  （仅用一句话概括创伤，不涉及细节）

- 与此同时，我正环顾所处的地方，现在是 ＿＿＿＿＿ 年。

  （当下的实际年份）

- 这里是 ＿＿＿＿＿ 。

  （说出你身处的地方）

- 我可以看到 ＿＿＿＿＿ 。

  （描述你现在在这里看到的一些东西）

- 所以我会知道 ＿＿＿＿＿ 。

  （再次用一句话概括创伤）

- 现在和以后都不会再发生。

如果来访者从闪回或噩梦中醒来，就可以使用这个常规的方案。来访者可以让她的伴侣或父母（和她住在一起的人）用这个方案来提醒她；也可以由她自己说出来，直到她的观察自我被唤醒。

肌肉调节：紧张与放松

长期的肌肉收缩，就是我们通常所说的"紧张"的深层原因。肌肉收缩并非坏事，它对于支撑我们自身和一天中所做的所有运动来说都是必需的，它对肌肉张力的产生也是必要的。因此，肌肉只能做一件事：收缩。当肌肉不收缩时，就是在做通常被称为"放松"的事，但实际上，放松的肌肉并没做任何事。

肌肉紧张现在被视为一种不好的事，似乎没人愿意"紧张"。人们花大笔钱去做按摩、水疗，以及使用药剂，目的除了放松还是放松；而肌肉紧张的积极作用却很少被讨论。

人们认为肌肉紧张理所当然，常常对其不屑一顾。它让人感觉挺不舒服的，所以怎么可能是好事？人们很少认为肌肉紧张是有帮助的。但如果缺了它，生活会怎样？首先，我们的身体会倒下，变成一团骨头和肉的组合。正是肌肉中的张力使我们能够站立和坐直。肌肉紧张使我们的身体有形、有风度、有姿态、有运动能力；如果没有肌肉紧张，我们连最简单的任务都不可能完成，更别说穿衣、吃饭、握笔、做运动了。正是肌肉紧张，使婴儿能够迈出第一步和学会如厕。如果你仍持疑问，请想想肌营养不良（muscular dystrophy）和肌萎缩侧索硬化（amyotrophic lateral sclerosis，ALS）等肌肉萎缩性疾病吧，它们提醒人们，肌肉紧张对日常生活有多重要。

当然，长期的肌肉紧张会让人感到不适。对一些人来说，按摩、水浴、肌肉拉伸、渐进式肌肉放松等诱导性放松可能非常有用。

但对许多 PTSD 患者来说，诱导性放松会催生创伤反应，增加过度紧张、焦虑和闪回风险，有可能恶化他们的精神状态。目前还没有关于这种现象的专业探讨，这是一个有待研究的领域。然而，有几篇论文提到，由于放松训练，一些人的焦虑增加了（Heide & Borkovec，1983；1984；Jacobsen & Edinger，1982；Lehrer & Woolfolk，1993）。

"他好像已经失去了所有的复原能力。"

©《纽约客》1987年作品集，作者：阿尼·莱文，版权所有。

我同事间的非正式讨论表明，相当比例的 PTSD 患者可能会因为放松训练而变得更加焦虑。在这种情况下，建立或维持肌肉紧张比放松更可取。简单的身体意识是权衡哪种方式最适合特定来访者的可靠指标。通过放松训练，那些变得更平静的来访者可能从中受益；而变得更焦虑的人可能最好还是让肌肉紧张起来。人体对肌肉的紧张或放松，可能有普遍的积极或消极的反应；也可能对某块肌肉的紧张有积极的体验，而对另一块肌肉的紧张有消极的体验（甚至是同一块肌肉的不同侧面）。每个人的身体都有不同的肌肉张力分布（Bodynamic，1988—1992），何时绷紧或放松某块肌肉对身体有益或有害，取决于身体意识。

令人困惑的是，有人在肌肉比较紧张时居然会比较放松——这听上去有些矛盾，但也许是因为肌肉张力高的人比肌肉张力低的人更容易忍受过度紧张的情绪。例如，肌肉张力较高会增加人的自信，减少脆弱和无助的感觉。

PTSD 的一个后果，就是身体感觉非常不好。那些加剧的焦虑和恐慌无处不在，它们一般和自主神经系统（ANS）的过度觉醒同时发生。一些来访者描述，他们皮肤下面有触电感，就像用手摸了电门。PTSD 患者这些不愉快的感觉，还总是伴有令人困扰的睡眠障碍，常见的夜间体验是感到疲惫甚至困倦，上床后开始放松，之后却被心跳加速和四肢过电般的感觉惊醒。此时，睡眠变得无望，患者辗转反侧。

肌肉紧张帮许多人减少了不愉快的感觉，甚至使他们入眠。这里所说的紧张方式不包括有氧运动，它对一些患有 PTSD 和惊恐发作的人来说是禁忌，因为加快的心跳和呼吸频率会成为触发他们创伤的身体感觉。相反，在这种情况下，缓慢的、集中注意力的、增强肌肉的锻炼才是有益的。若要行之有效，运动必须在身体意识的作用下进行，也就是要注意身体感觉，尤其是被锻炼的肌肉的感觉

（Bodynamic，1988—1992）。此外，肌肉出现轻微疲劳时，运动必须停止，这样它就还是一种愉快的体验。重复运动"直到感觉燃烧起来"无法建立有助于情绪控制的肌肉张力。任何会带来焦虑、恶心、厌恶等感觉的练习都是无效的，能增强平静感、稳定感和存在感的练习才是有益的。这种理念就是通过增强那些能控制过度焦虑和情绪的肌肉组织，来建立身体上的积极体验，从而形成良性循环。这样一来，自我奖励行为也就建立了。

钟妮非常清楚自己需要肌肉紧张。她年轻时脆弱浮躁，一天一个想法，一份工作往往做不久就会周期性情绪失控，而且有广泛性焦虑。她搬到一个以自行车为主要交通工具的国家后，一切竟然都好了起来。当习惯长途骑行后，她的腿变得越来越有力，并且让人惊喜的是，她的情绪也越来越稳定了——这一切都是她在接受心理治疗前希望发生的。她非常清楚提高大腿肌肉张力在保持注意力和控制情绪方面的作用，然而当她因生病或到别国探亲暂时不能骑车时，以前那个不稳定的她就又悄悄回来了。

来访者可以先从俯卧撑做起，它是一种简单的调理运动，能增强手臂后部（肱三头肌）、胸部（胸肌）和背部（斜方肌和菱形肌）的肌肉张力；它可以在家里做，不需要专业设备。最简单的方法是先站在离墙几十厘米远的地方，面向墙倾身而立，不断以手推墙。然后，来访者就可以将手触墙的位置逐渐从高往低移动，直到有足够的力量在楼梯或地板上做俯卧撑。多方向的抬腿训练（股四头肌、阔筋膜张肌、腘绳肌和臀大肌）也不需要专业设备；便宜的自由重量器械、盒装牛奶或书本都可用于上臂前部（肱二头肌）的强化训练。

除了提高一般情绪稳定性，当焦虑有可能升级为过度焦虑或恐慌时，有些治疗师还会将肌肉紧张训练当作应急措施。以下是几个可以用来绷紧特定肌肉的姿势，大多数人都能在其中找到适合自己、有助于控制情绪的；当然，任何会增加焦虑的姿势都禁止使用。

绷紧外周肌 ——保持一致

重要提示：任何肌肉紧张训练，都应该只做到肌肉稍感疲劳为止，紧张感的释放必须慢慢来。它并非渐进式的肌肉放松。其目的是让肌肉能保持一点儿收缩／紧张。试着做一次训练，然后用自己的身体意识进行评估，再决定要不要继续训练。如果绷紧肌肉会引起任何不良反应（恶心、恍惚、焦虑等），我们一般可通过轻轻拉伸同一块肌肉来中和这种反应，也就是做一个相反的动作（Bodynamic，1988—1992）。

● 两腿侧：站直；双脚分开，与肩同宽；膝盖放松（不要挺直，也不要弯曲）。膝盖向外侧压，感受从膝盖到臀部沿着大腿两侧的紧张感（Bodynamic，1988—1992）。

- 左臂：或坐或立，双臂交叉，右手扣在左肘之上。首先，当抬左臂时，右手下压，你会感到左上臂前方从肩到肘部的紧张。接下来，当左臂向左推时，右手对左肘后部施以阻力，你会感到左上臂从肩到肘部左向部分的紧张（Robyn Bohen，personal communication，1991）。

- 右臂：或坐或立，两臂交叉，左手扣在右肘之上。首先，当抬右臂时，左手下压，你会感到右上臂前方从肩到肘部的紧张。接下来，当右臂向右推时，左手对右肘后部施以阻力，你会感到右上臂从肩到肘部右向部分的紧张（Robyn Bohen，personal communication，1991）。

- 大腿：坐在椅子上，两脚平放于地板上。用全身重量向双脚施压，直到大腿有紧张感。

肌肉紧张训练可以作为一个来访者的治疗基础。

  特雷莎来找我治疗时，已经 30 多岁了。她患有 PTSD 和边缘型人格障碍（borderline personality disorder），无法正常工作。她很难设定目标，因为她要么没想法，要么全是空想。在我对特雷莎进行治疗的早期阶段，她表示过希望有一天能有份稳定工作，结婚成家。我肯定了她的愿望，但也直言相告说，我们不可能在当天就实现这个目标。我问她："要向这些目标迈出一小步，你今天能做的一件事是什么？"她想了想，回答十分出乎我的意料：

"我需要脊梁骨。"这既是字面义，也是比喻义。经过仔细询问，我才知道，她觉得自己背部非常虚弱，感觉不到脊柱的支持。那天，我们开始通过缓慢的训练，利用身体意识来强化特雷莎的背部肌肉。我让她以平常姿势塌下身子，然后慢慢坐直，变得越来越高。我们保持缓慢节奏，以便她能跟上肌肉张力的变化，并监测其他的身体感觉。尤其让我感兴趣的是，她注意到了为了坐起来，她的身体中必须保持肌肉紧张的部位。这很不容易，她重复做了数遍这些动作，俯身、挺身、俯身、挺身……这个训练成了家庭作业，在之后的治疗中，我们常提到她新建立起来的背肌张力，也就是她的"脊梁骨"。渐渐地，在后来应对生活中的难题时，它成了她可靠的支持和心理资源（既是字面义也是比喻义）。

身体界限

界限有很多种类。本节将重点讨论与身体有关的**人际界限**（interpersonal boundary）和**具体界限**（concrete boundary）。

人际界限

如果你曾在转身之前就"知道"有人站在你身后，或觉得同你说话的人站得太近，那就是你感知到了人际关系的界限。这不是一条神秘或神奇的线，而是常能在不同距离体验到的相当明显的东西。你的人际界限界定了你认为的个人空间。一种人际界限指的是你和另一个人之间的距离从舒适转为不适的那个点；另一种则是动物行为学家所谓的**临界距离**（critical distance），即野生动物从谨慎警觉转为攻击的那个点。界限距离不仅因人而异，而且还取决于情境。同一个距离，在某个特定时间或与某个特定的人在一起时，可能是令人不适的，但换作另一个时间或与另一个人，就可能是让人相当舒适的。反之亦然。

治疗距离

治疗过程中有时会出现好像没有原因也没解决办法的问题。以下咨询案例表明，无论是经验丰富的治疗师，还是正在培训期的治疗师，都会遭遇这种情况。虽然这个例子有些极端，但它描述的情形并不罕见。在这个例子中，来访者每次在治疗后的几个小时内都会开始不适、头疼呕吐。治疗师和来访者无法确定原因，双方都很担心。

我与治疗师和来访者一起见了面。首先，我被告知了来访者的个人背景和治疗情况。由于治疗师在身体疗法上很有经验，我想当然地认为，身体疗法可能对这位来访者而言太过刺激和严格了。但事实并不是这样，他们压根儿没做过身体治疗，只是谈话。好吧。那么，是不是他们正在讨论的内容对来访者来说过于具有刺激性，而唤起了过多的创伤记忆，令他难以承受呢？也不是，他们只是在讨论来访者日常生活中的问题。既然问题没出在内容或方法上，我开始对身体位置感到好奇：他们进行治疗时一般是怎么坐的？两人向我展示了平时如何面对面坐在相距约一米的椅子上。

我让来访者审视一下自己的身体意识，看看有什么感觉。来访者感到心率加快，手心出冷汗，伴有轻微恶心。我建议他往后坐一些，看看如何。他觉得稍微好一点儿。我让他换个更能缓解不适症状的位置和距离。他坐到更远一点儿靠墙的地方，比刚才感觉好了很多，但仍有点儿不舒服。来访者继续进行尝试。最终，当两人相隔三米左右，把椅子侧过来放，不面对面时，来访者感觉症状大大地缓解了。也就是说，所有交感神经紧张的迹象，都被副交感神经唤醒所取代了。

该来访者在那次咨询后没有出现不适症状。在随后的治疗中，他和治疗师都继续密切留意彼此坐的位置，没有再出现治疗后不适的问题。

探索界限的两个训练[1]

虽然以下训练对许多人来说是熟悉的，但也有人从没听说过，所以还是值得在本书中提及。

第一个人际界限训练，是两两进行练习的。一个人慢慢走向搭档，静止者要随时关注自己的身体感觉，当开始感到不舒服时，就说"停下"。参与者最好重复练习几次。静止者可以变换不同角度站立，分别将面部、左右肩、背部朝向移动搭档，这是有帮助的。重要的是，静止者要说出其身体及情绪上的感受。

这个训练表明，许多人在感受自己界限以及说"不"或"停"方面有困难。有时，静止者的身体和情绪状态没有任何变化，从不说"停"；而移动者最终会走到他身边。发生这种情况一般是因为从开始时两人的距离就已经在静止者的人际界限内了。当移动者在起点就已越过界限时，静止者就不可能感觉到界限。如果发生这种情况，可试着加大起始距离重复练习。在日常生活中也是如此。假如人际界限已被越过，一个人就不可能感觉出需要喊"停"或"不"的那一点到底在哪儿。因此，如果来访者说你们之间的距离没问题，请考虑他到底是真的很舒适，还是你们的距离已经太近

1　这些训练的历史很有意思，有好多机构声称自己才是它们最早的起源。要么是最初激发出它们的灵感早已无从考据，要么是这些机构在差不多的时间，巧合地开发了类似训练。——作者注

了，以致他无法感觉到自己的界限。有疑问时，让你们中的任何一方移动位置，看看会发生什么。你们可以随时移回各自开始的地方。举个例子：

当我们开始第二疗程时，托马斯看上去像屏着呼吸。我问他我们的位置如何，他说"挺好"，但仍在屏气。我提议我往后移一点儿，看看会发生什么，他同意了。当我这样做时，他立即长舒一口气，呼吸更顺畅了。他也注意到了自己的变化。我们就保持这个距离继续治疗。

第二个人际界限训练，要用毛线（或是其他的线或绳）来让自己的界限可视化。在个人治疗或团体治疗中，来访者拿一段毛线，以自己为圆心，以自己觉得舒适的距离做半径，用毛线围一个圆。治疗过程中，治疗师最好让来访者谈一谈他这样做时的感受，包括使界限具体化后身体感觉如何。然后，经来访者同意，治疗师可以在房间里走来走去，进出来访者的界限（就像我们经常对别人做的那样）。要让来访者随时关注自己的身体和情绪反应，说说在治疗师走动时自己的感觉。来访者应该会注意到何时个人空间未受干扰，何时感到被入侵；他也可以随时自由调整自己的界限。值得注意的一点是，界限的半径越大，它就越容易被入侵，来访者也就会更频繁、更强烈地感觉被侵犯。最终，来访者将学会划定自己的界限（既是用毛线划定，也是在心理上划定）。

当来访者一切就绪，加点儿额外的干预会很有用：征得同意后，治疗师走进来访者用毛线划定的范围停下，不要动。来访者一般会感到不适，有时还会恼火。然后，治疗师帮来访者分析原因，让他了解到如果把界限的半径划得离自己更近点儿就不会被闯入了。这样做通常会让来访者对自己的空间有掌控感。他会把这种感觉带到日常的商务、社交和私人来往中，无论是乘坐公共交通工具时，还是在餐馆里，都能获得掌控感。

皮肤层面的具体界限

用"皮薄"来形容很多 PTSD 患者是挺贴切的。无论从身体上还是心理上，创伤性事件都常常会透过皮肤侵入患者。

我认识一个 3 岁的小朋友，叫蕾恩，她遭受过许多医疗创伤。她非常喜欢跟小朋友玩，但只愿意一对一玩耍，因为好几个小孩一起玩闹对她来说刺激太强，她受不了。一年一度的家庭聚会上，她紧紧抱着父母不放。尽管平时安抚她很容易，但由于这次来了好几个孩子，吵闹兴奋对她造成的刺激连父母都哄不好了。

我很同情她的处境。当她紧紧抱着母亲浑身发抖时，我小心翼翼走近她，用手一下下轻抚她的背部。同时，我说："蕾恩在这儿呢，你能感觉到蕾恩在这儿吗？"她平静放松下来，也不抽泣了。只要我的手一直放在她后背上，让她感觉到身体的所在以及手停留的位置，就能让她保持平静；而当我收回手，她就会再次变得不安，即使我继续说着口头上的提醒也是如此。标记个人界限给蕾恩带来的巨大变化让她母亲和我都十分感兴趣，但也对她无法一直保有这种界限而感到困惑。那周的晚些时候，蕾恩的母亲和我探讨了提升她对身体界限感知的策略。我们设计了她俩可以一起玩的游戏，其中一个游戏是把她们的手、胳膊、腿或脚放在一起，母亲指导蕾恩将注意力转移到皮肤表面的感觉上。"先感觉妈妈，然后感觉蕾恩"这种练习可以帮蕾恩提高身体边缘的安全感，进而提高她对儿童聒噪的耐受度。

让海伦"皮厚点儿"

海伦20多岁时，因童年受过性虐待和身体伤害而来寻求治疗。不用说，她有很多问题，而且"脸皮非常薄"。由于住在市区又不开车，她经常在乘坐公共交通工具时倍感焦虑。这并不是出行本身造成的，而是人与人间不经意的身体接触导致的。她对偶发触碰的恐惧即使在治疗时也很明显。她进出治疗室时都非常小心，以免不经意碰到我；她还让我保证，绝不在告辞时亲昵地拍她的肩。我从没遇到过恐惧感如此强烈的来访者。与人擦肩而过甚至都令她害怕。

我治疗的首要原则，就是重视来访者在治疗中和治疗以外的安全感，所以我提议帮她提高对随意触碰的控制感，给她一些技巧来避免和阻止它，同时不让她感到身体被侵犯。

海伦先从锻炼肌肉张力开始，这样她会感觉皮肤下像有了保护层。几个月时间里，她积极地练习举重、俯卧撑、仰卧起坐，并坚持每天步行。之后，我们制订了一个计划，让她学会摆脱自己不想要的触碰，或者将他人的手或肩移开。她也觉得自己得熟练掌握这些技巧，并愿意克服可能的不适，来实现计划。因为我们制订的计划会涉及肢体触碰，我打破了自己过去不触碰创伤来访者的原则。海伦也很肯定地认为，这个计划带来的好处一定会比潜在风险多。（我曾想鼓励她去和一个自己信赖的朋友试着练习，或让她带一个朋友来接受治疗，这就避免了治疗师与来访者肢体触碰的问题。但当我们要按计划进行时，海伦找不着什么朋友，因为她太怕人际接触了。）

海伦还是倾向于按既定计划来，由我先做示范，然后她自己试着做。我们面对面站着，保持伸手可及对方的距离。她准备好开始后，就会把手搭在我肩上。我扭身躲过她的手，退后一点儿，让她的手扑个空。轮到海伦时，她会告诉我她准备好了，然后让我把手搭在她肩上。随后，她会试着用同样的方式扭身退后，躲过我的手。

接下来，我们肩并肩站着。我先让她试着往离我肩膀远一点儿的地方走走看，当她知道怎么做了后，我就让她站在原地，只是让肩膀离我更远一些。

这听上去很容易做，但对海伦来说，却非常难。起初她很焦虑，熟能生巧后，她变得平和自信多了。

我们练习的第三部分，是再次面对面站立，保持伸手可及的距离。海伦会要求我把手放在她的肩上，然后她会更直接地把它移开。第一种方法是用另一侧的手推它，第二种方法是将同侧的手臂旋转一圈，轻轻地把我的手臂拿开。我们探讨了就算很生气也要保持心平气和的重要性，因为这样做的目的是不让别人碰她，而不是挑起冲突。

我们在之后几个星期中反复演练。随着海伦的能力提高，她的"皮肤"似乎变得更加坚韧厚实，她大胆向外探索的信心也随之增强。她变得更信任我了，因为她觉得自己更有能力拒绝我，不做她不想做的事情。甚至她的防备心也有所下降。令我惊喜的是，有一天她让我不用遵守承诺，可以在她进出我办公室时偶尔拍拍她的肩，或做出类似的举动，她想试试感觉如何，看自己能否接受这种触碰。

在皮肤层面建立界限感

创伤和PTSD往往是由攻击、强奸、车祸、手术、虐待、殴打等形式的身体侵害事件造成的。失去身体完整感一般加速了创伤过程的失控。在皮肤层面重建界限感，可以减少过度焦虑，增强对自己身体的控制感。为了提高身体的完整感，我常建议来访者用身体来感受他的外围（界限），也就是皮肤。这可以通过几种方式进行。

1. 让你的来访者用手在自己皮肤表面用力摩擦（力度适中），确保摩擦就停留在皮肤表面（隔着衣服），而**不是**抓挠或按摩肌肉。如果来访者不喜欢触碰自己，可以用门或墙（最好是冰冷的墙）抵住枕头或毛巾摩擦，尤其记住，要接触手臂和腿的两侧以及背面。

2. 即使是触碰自己的皮肤，或被别人看着这样做，有的来访者也会觉得很难受。这种情况下，最好让他们通过与身体接触的物品来感知自己的皮肤，例如让来访者感受他的臀部与椅子接触的地方、他的脚与鞋内侧接触的地方，让他的手掌放在自己大腿上，等等。

3. 当来访者尝试以上任何一项活动时，让他对自己说"这就是我"或者"这就是我停下来的地方"等，这有时也是很有效的。

视觉界限

对于一些来访者来说，仅仅让治疗师看着自己也是一种侵扰。他们对此的反应还可能很强烈。这种问题的背后往往隐藏着极度的羞耻或尴尬。这种情况下，治疗师只要把目光移开就好。当目光移开后，有这种困扰的来访者会大大松一口气。这对习惯依靠视觉线索工作的治疗师来说需要时间适应，但既然这样做对来访者有潜在好处，治疗师就不会计较这些不适了。

关于治疗师和来访者的肢体接触

不可否认，人类对人际交流和接触有普遍的需要，受过创伤的人也不例外，而且他们的需求或许更甚。然而，在治疗中满足接触需要可能让情况变得复杂，引发失控的移情和反移情。对相对稳定的来访者，如 1 型和 2A 型来访者来说，风险可能很小；但对 2B 型来访者风险太大，所以我不建议治疗师与他们有肢体接触。例如，受过身体创伤或性虐待的来访者常把触碰治疗师视为犯罪。不用说，这给治疗帮了倒忙。以下是学习困难的例子。

柯特在成长过程中既遭受过冷暴力又被虐待过，所以他强烈需要我花大量时间去关注他。我鼓励柯特提高他的身体意识，寻找他的人际界限，但他对此很怀疑。好几次在治疗过程中，他诉苦说自己需要被人抱着，并确信这就是他需要从我这里得到的安慰。当我犹豫时，他变得很生气，坚持让我们就试一试，看看效果如何。我不顾自己的明智判断，心软同意了。当我们并排坐在沙发上时，他让我用胳膊搂住他。然而他并没体验到想象中的那种舒缓接触，焦虑感反而上升了。他无法放松，对自己感到沮丧，继而对我感到失望。他认为我一定做错了什么，才让他感到如此恐慌。柯特无法把被抱住时加剧的恐惧感与他之前的受虐经历联系起来，我变成了他眼中的施暴者。随后的疗程中，这种抵触无法缓解，他最终退出了治疗。

要帮助创伤来访者满足其对身体接触的需求，更好的办法是教会他们如何在关系好的亲友或团体治疗情境中获得身体接触。来访者要想在其人际网络中要求、接受和利用触碰，就必须建立起感知及尊重自己人际界限的能力。

多年的混乱性关系让布莱尔的人际界限很混乱，她也知道自己为了得到身体接触常常越界。她经常通过性行为获得这种满足。过去她曾多次受性病困扰，处于两难境地：如果坚持自己的人际界限，她又怕永远得不到身体接触。她找不到折中的办法。在帮她提高了身体意识后，我建议她回家做个实验，她也同意了。我让她选一个朋友，男女都行，他们可以一起测试她的触碰界限。我们讨论了几个潜在人选的利弊，布莱尔确定了两个可能可以帮她的人。当一个朋友同意后，我指导布莱尔进行实验。她要在整个过程中观察自己的身体意识并记录这些变化，以便我们在下次治疗中讨论。

这个实验需要布莱尔在能保持正常心率和呼吸的情况

下，看看来自朋友的什么样的触碰是她可以接受的，也就是说，什么样的触碰不会让她变得焦虑。起初，布莱尔认为这个实验有点儿可笑，她对被抚摸习以为常，所以不认为自己会有所警惕。但她发现事实不是这样的。当她把注意力集中在感觉上时，她发现自己在整个身体被抱住时确实会变得焦虑不安。这是她第一次意识到，性行为切断了她对身体的感觉。通过持续实验，她发现与人手拉手会让她非常舒服。几个星期后，布莱尔在被触碰时更加关注自己的身体意识。在治疗中，我们探讨了她的发现。我给予了进一步指导，告诉她如何要求他人给予她想要的那种触碰，以及如何拒绝不想要的触碰。

减轻疗程结束造成的影响

每位创伤治疗师都知道，结束一次创伤疗程有时会很困难，很容易激化创伤，正如前文所探讨过的。某一疗程的时间掌控与平时治疗的时间框架不符，会给治疗师和来访者都造成困难。本章和前两章讨论的大多数治疗原则和技术，都可用作辅助手段缓解疗程结束带来的问题。它们既可用来把控疗程的节奏，也可用于结束疗程。

让来访者学会使用"刹车"技术，对来访者和治疗师都有好处。对来访者来说，由于他们对自己控制（开启和关闭）创伤记忆的能力有了信心，治疗过程的安全感也就提高了。当来访者知道自己随时可以走出困难时，他们面对困难问题的勇气往往会增加。如果来访者和治疗师在处理创伤材料前已很好地练习过"刹车"，就可以随时停止治疗。此外，在整个治疗过程中，将来访者的唤醒保持在较低的水平，可以保证治疗过程不会失控。熟悉来访者的心理资源将有助于治疗师让来访者学会如何叫停。当然，有时治疗师也会出现判断失误，为了"踩刹车"，治疗过程得延长几分钟，但如果准备充分，这种情况很少会发生。

有时，控制治疗时长最好的办法就是提前结束。留意"停下的地方"（如上一章文末有关盖尔的治疗）会很有用，比如一次整合、一次"啊哈！"的感叹、一次唤醒水平的自发降低，等等。一个疗程中往往能找到好几个这样的时刻。在稍短的疗程后，来访者达到了明显的整合或缓解，一般这时候让他回家要比继续治疗到规定时间、等他不适或陷入混乱时才结束效果更好。处理好特定创伤后，多出来的时间可以用于把创伤治疗整合进来访者的日常生活。

在下一章中，我们将讨论身体意识及其他身体工具的应用与促进解决创伤性记忆之间的关系。

第八章

· · ·

真正治愈创伤

让躯体记忆成为个人史

过去了的，就让它好好地留在过去吧。

无论采取什么技术或模式，创伤治疗的目标都应该是如下内容。

1. 把内隐记忆和外显记忆结合起来，形成对创伤性事件及其后果的全面叙述。这包括在该背景情境下对身体感觉和行为的理解。

2. 消除与这些记忆有关的 ANS 过度觉醒的症状。

3. 将创伤性事件归于过去："它已经过去了。那是很久前的事了。我幸存下来了。"

20 世纪 80 年代中期以来出现了几种创伤治疗模式，事实上，在这个领域开始相互竞争了，大家都期望其中一种治疗模式可以成为创伤治疗的首选。这种想法令人担忧，因为这会对我们的来访者造成伤害。任何一种可用的治疗方法都能帮助某些来访者，而它们中的任何一种有时也可能不起作用。每种模式都有优缺点，就像没有哪种单一的药物可以治疗焦虑或抑郁症一样，世上没有一种"万金油"式的创伤疗法。其实，治疗关系往往才是治愈创伤的关键，而非某种技术或模式。不过，所有创伤治疗模式都有两个共同点：高度结构化和高度指导性。每种方法都涉及必须遵守的严谨方案，以解决创伤性回忆。这就要求治疗师具有指导能力，把握治疗方案的方向，而不是被来访者"带节奏"。这种模式上的共性似乎并非偶然。研究创伤治疗的人来自不同学科，但都认为处理创伤需要结构和指导。这很有道理，因为治疗师不加干预地被来访者"带节奏"，常常会导致来访者回避创伤记忆或崩溃。

　　虽然疗效研究可以帮助我们找出合适的模式，但它们也会产生误导。首先，大多数这类研究都是基于 1 型创伤来访者进行的。其次，由某种方法的支持者进行的研究常常得出积极的结论，而由反对者进行的研究则得出了消极的结论。也许以来访者的身体意识和症状特征为依据，能够更好地判断一种方法有效与否："这对你有帮助吗？你感觉更平静、更能自控、更正常了？好的，那我们继续。""这没有用吗？你感觉更糟、更不稳定、更不正常了？那好，让我们试试别的办法。"正如之前提到的，最安全的创伤疗法应该由不同模式组成，这样治疗才可以适应来访者的个体需求。

　　无论采用哪些治疗方法，本章内容对提高创伤治疗的质量和效果都至关重要。

谨防误入歧途

记忆容易受影响，并且是可塑的。不间断的回忆也许非常准确，也许不怎么准确。我一个朋友的儿子在 8 岁时摔断了胳膊，这件事很好地说明了记忆的脆弱性。这个男孩现在 12 岁了，能准确记得事故的大部分细节，即他从树上摔下来，摔断了胳膊，去了医院，医生给他做了手术。然而有一个细节他却完全记错了。在这个男孩的记忆里，他做断骨固定时是母亲抱着他，但其实抱着他的是他父亲。这种记忆扭曲的影响是很大的。例如，关于虐待事件的连续回忆可能大多是真实的，而施暴者、年龄或地点等则可能不准确。这不是说所有回忆都是可疑的，它们也可能非常准确，正如安德鲁斯（Andrews，1997）、杜格尔和斯鲁夫（Duggal & Sroufe，1998），以及威廉姆斯（Williams，1995）的研究报告中表明的那样。

记忆的不确定性让创伤治疗师的工作变得很难。来访者关于创伤的记忆是连续的，他们提供了治疗要求的回忆部分，甚至还有治疗之外、先于治疗进度要求的回忆。无论你或来访者想与不想，这些记忆也都会被回想起来。无论记忆如何产生，问题都仍然存在：我们如何评估记忆的准确性？当有确凿的记录、证人或证据时，我们可以确定记忆的真实性；当没有确凿证据时，我们也许要怀疑记忆的确切性，但很难判断"回忆"的正确性。

当治疗师和/或来访者觉得有必要将未经证实的记忆归为"真"或"假"时，就会出现治疗上的困境。夏安诺和埃勒特·尼延胡伊斯（Ellert Nijenhuis）称之为"反射性信念"（reflexive belief；van der Hart & Nijenhuis，1999），并反对这种做法，因为出现假阴性或假阳性的风险很高。无论采用哪种归因，不管是真还是假，都会极大影响治疗方向和来访者的生活。在这种情况下，唯一的办法是继续治疗，但要避免做评判。这对来访者和治疗师来说都很难，可如果不这样做，严重后果就会出现。

走错方向的风险

在治疗中，来访者很容易被引导到错误的方向。这种情况一旦发生，他们会受到很大影响，甚至可能发生代偿失调。当然，我们并不总能分辨出失调是因为受到已恢复的创伤记忆的影响，还是由于寻求并不存在的创伤记忆导致了不稳定。对此有疑问时，ANS过度觉醒的迹象以及其他症状都是很好的信号。举个例子：

> 布拉德来接受治疗时，情绪低落、焦虑，并有自杀倾向。他脸色苍白，呼吸又急又浅。他说，这不是他的正常状态。他是在向另一位心理治疗师咨询时变得越来越不正常的。他在感觉自己童年时曾被强奸后一直向这名治疗师咨询。该治疗师一直引导布拉德回忆童年时被强奸的情景。当出现严重自杀倾向时，布拉德意识到事情不对了，于是想换治疗师。
>
> 布拉德童年时一直生活在麻烦中。他在青少年时期被

捕过几次，并在拘留所待过几个月。这些背景对了解布拉德目前的状态很重要。大约在他接触那位心理治疗师的九个月前，他的家被洗劫了。当时他和家人出去了，窃贼触发了无声警报。布拉德回到家，发现家里都是警察。之前的治疗师根本没注意到这件近期发生的令他不安的事，而是直奔那个感觉中的、若有若无的强奸经历而去。当他们进一步寻找童年的记忆，来解释为何会有被强奸的感觉时，布拉德的代偿式解读就越来越多。

当我了解了布拉德过去发生的事后，我对他说："你小时候有没有被性侵过很难确定，因为你不记得了，也查不到记录。不过，前一阵发生的入室盗窃和之后警察的闯入都足以解释你的症状，也就是'被强奸'的感觉。许多人都会把对这种被入侵的反应描述为'感觉好像我被强奸了'。考虑到你青少年时有被逮捕的记录，我可以想象，入室盗窃和警察闯入你家对你来说都是非常震撼的。"

听到我的评论后，布拉德明显平静了下来，脸上焕发了神采，呼吸深沉而缓和了。我可以感觉到他的唤醒水平下降；布拉德可以明显感觉到自己的身体，他的自杀念头也消失了。一个星期后，他的情绪得到了控制，并恢复到了正常的功能水平。在随后的治疗中，我们还讨论了最近发生的那些事。

不幸的是，这并非孤例。避免这种治疗错误的方法之一是仔细了解病史，并问："你现在为什么要接受治疗？"如果来访者的回答是"怀疑"自己经历了早期的虐待或其他形式的创伤，一定要追问"现在的问题是什么引起的"或"现在的感觉是什么触发的"。如果来访者不确定，那就仔细询问其过去几个月或一年内的应激事件，治疗师可能会从中找到需要优先解决的触发事件。着眼于近期直接导致来访者需要治疗的事件，是避免走错路的一种方法。

获取所有信息

唐纳德·内桑森在《耻辱与骄傲》（*Shame and Pride*，1992）第一章中，提到一个通过获取所有相关信息来避免治疗走错路的绝佳例子。纳坦森用常理为他的来访者省去了大量金钱和痛苦。他描写了一名之前的来访者再次来寻求治疗的事。这名来访者因为无法应对自己的焦虑感到很迷茫，而应对焦虑是以往治疗中非常强调的能力。他目前的高度焦虑使他学会的任何心理技巧都毫无用处，他"害怕所有的事"。在第一次面谈时，除了获取其他信息，纳坦森明智地问了来访者的"鼻音"从何而来，然后发现他一直在感冒。原来，来访者在服用的药物含有伪麻黄碱，这是一种合成肾上腺素。这类药物引起的反应很像身体对应激的反应，也就是交感神经的高度唤醒。纳坦森很快就明白了，这个来访者的症状是由药物而不是焦虑引起的。缓解他的焦虑症状变得很容易，改变他服用的药物即可。

想象一下，如果医生不像纳坦森这么明智，这个来访者会怎样？他们会为他的焦虑寻找心理原因，挖来挖去，结果可能很糟糕，而且代价高昂。当治疗师或来访者先入为主，凭臆测行事，把躯体症状牵强地解释为心理原因时，就容易犯这种错误；如果想当然地将焦虑同创伤联系在一起，就会造成严重问题。

其他身体状况也可能被误当作心理问题，例如由衰老引起的激素变化。**围绝经期**（perimenopause）这个术语现在指完全停经前后激素和月经变化的过渡期。围绝经期可以在实际绝经的前十年开始，在这段时间里，激素可能会不稳定地波动，并产生许多生理和心理症状（Begley，1999），其中包括很像焦虑的症状。

　　48 岁的多萝西会在夜里突然惊醒，浑身燥热，心跳加速。受一位正在接受治疗的朋友以及一本读过的自助书籍的影响，她开始怀疑自己是否在童年时被猥亵过。她还开始做噩梦，非常不安。我怀疑她的症状可能与围绝经期的变化有关。她醒来时虽没有汗流浃背，但情况很类似。由于她仍有规律的经期，便没想到她的症状可能与激素有关。我建议她把夜里出现症状的规律记下来，并把她转诊给妇科医生进行激素检查。检查和记录日志都表明她的症状是周期性出现的，也就是只出现在她雌激素水平最低的时候。多萝西怀疑被猥亵的焦虑消失了。

还有一点要注意：先前医疗创伤的影响可能会被误认为是身体虐待和性虐待的影响。对某些儿童来说，涉及生殖器或肛门部位的医疗干预，如手术、体检、阴道或膀胱感染的治疗、直肠体温计、栓剂和灌肠，都是创伤性的。长大成人后，躯体症状会被误认为是性虐待的症状。在对怀疑自己在儿童期受到过身体虐待或性虐待的成年人进行评估时，重点要想到也许是医疗创伤引起的。

关键是要跳出来访者自认为的症状原因或治疗师的直觉判断，而想到更多的可能。仔细全面的病史收集，加上丰富的常识，将有效防止错误治疗造成潜在伤害。

把过去和现在分开

归根结底，创伤治疗的主要目的是让创伤回到属于来访者过去的正确位置。因此，我们必须结合外显记忆，在时间和空间上确保事件的前后完整性。通常，任何一种好的创伤疗法都能让来访者自动把过去和现在分开，一般不用特别花力气解决。而下面这个案例是个例外，把它放在这里，是为了强调让来访者认识到创伤已经结束、过去，以及"自己已经过了这一关"的重要性。在这个特殊案例中，治疗师只用了一次干预就让来访者领悟了。在创伤治疗中，尽管这种情况是所有治疗师一直努力的目标，却很难得。

朵特平时人一多就容易焦虑，但在一次学习坊发言时，她忽然惊恐发作（心跳加速、口干舌燥、出冷汗）。通过对身体意识的简单关注，她想起来一件事：小时候，她曾被一群小混混团团围住，挖苦嘲弄，还无法逃离。她当时非常害怕。朵特不断对我重复说道："我逃不了，我逃不了。"根据我的观察和朵特的报告，每当她重复这句话时，她的过度觉醒都会增加。为了避免这种情况，我对她说："但你其实逃掉了，我知道你逃脱了。"她的症状还在继续，她也变得不知所措。我问她想不想知道，我是怎么知道她逃脱了。她使劲点头，是的，使劲点头。我指着她坐的地方，说了句："我知道你当时逃脱了，因为现在你在这儿。""哦！"她答道。我几乎能看到她头顶灵光乍现。她立马明白了，如果她当时没有逃掉，她现在就不可能坐在我面前。她的惊恐症状随即消失了，没再出现。她仍然不喜欢参加集体活动，但这次干预后，她的过度焦虑症状大大减轻了。

我们也可以在身体层面上完成对过去和现实的分离。有时，简单的干预方法，例如鼓励来访者在处理创伤性记忆时动动手指和手臂，或只是站起来走走，都有助于强化"创伤不会再发生"的当下现实：我当时不能动，但我现在可以动。

优先处理创伤后遗症

孤立地分析创伤性事件是错误的。每个创伤性事件都由三个不同阶段组成，其中任何一个阶段都可能增加或减少创伤的最终影响。这三个阶段是（1）导致创伤性事件发生的环境；（2）创伤性事件本身；（3）事件发生后的环境，包括短期的（几分钟、几小时）和长期的（几天、几周、几个月）。

创伤前→实际创伤性事件→创伤后

创伤性事件发生后的这段时间至关重要，创伤受害者受助质量的好坏会大大影响后果。正是由于这个原因，在着手处理创伤性事件本身之前，先解决事件后的问题往往是明智的。有时，创伤性事件后发生的问题，比事件本身更具有情绪上的破坏性。例如，想象以下情景中，创伤受害者的潜在后果：

1. 两名具有相似背景和性格的女性，在同一类型的车祸中受了相似的伤。

   A 的丈夫到医院时浑身发抖，他很担心妻子状况，体贴关切地问候她。

   B 的丈夫来到医院时很生气，他很担心那辆昂贵新车撞得如何，一见面就指责妻子。

2. 两名具有相似背景和性格的退伍军人，来自同一作战部队，他们是在同一次进攻中受伤后退伍的。

   A 被邻里们当作英雄迎回家，每个人对他的伤势都很关切。他受到大家的帮助，以重新建立自我。

B 则被他的朋友们认为是参与了暴力，他们用蔑视的眼
光迎接他。他的家人没有足够的耐心等他慢慢恢复。他
没有得到帮助，无法在圈子里重建自我。

不用研究就能推测出，在所有其他变量相同的情况下，上述情
况中的 A 都可能比 B 的情况要好。就像地震后有时会出现海啸一
样，创伤后果造成的破坏可能更大。

无论采用何种治疗方法，选择先解决创伤性事件的哪一部分对
治疗过程和结果至关重要。直接着手处理创伤性记忆很难，而一开
始就从创伤性事件入手则更难。

创伤前→实际的创伤性事件 + 创伤后

如果从创伤性事件着手，来访者要面对所有阶段的问题。

而先处理创伤后的情况，好处之一是可以大大减轻之后处理实
际创伤性事件时的压力。因为之后在试图着手实际事件时，就只剩
这个阶段的问题需要解决了。

创伤前→实际的创伤性事件 || ~~创伤后~~

此外，假如你从最后阶段开始，则来访者要面对的最糟糕的情
况已经确认结束了，被安全渡过了。

下面的案例，说明了这些观点。

露丝[1]是位 30 来岁的西欧女性，她 19 岁那年放假到中东旅行时曾被强奸。她现在的工作是移民社工，经常和来自中东的难民打交道。由于过去几个月她在工作中变得越来越焦虑，而且这开始影响她继续工作，她前来寻求治疗。她越来越多地经历强奸事件的闪回，注意力难以集中，重复做噩梦。

治疗一开始，我仔细询问了她的病史，聊了她过去和现在的情况。她目前的焦虑明显是由几个月前在工作中受到中东来的一个移民威胁引发的。她当时并没多想，但现在明白了其中的联系。她属于 1 型来访者。除了那次，她没经历过其他性侵或创伤。我们在治疗中探讨了她的问题，露丝答应工作中暂时不接触有潜在暴力倾向的人，也得到了她同事的支持。

在治疗初期，露丝大概讲述了和被强奸有关的情况。她曾和一群朋友一起旅行，但有一天，一个彬彬有礼的中东青年阿卜杜勒表示愿意带她参观这个城市，于是她就跟他去了，没有多想。阿卜杜勒知识渊博，带她去看了许多她不曾见过的地方。这天快结束时，他们遇到了阿卜杜勒的一个朋友，然后一起去了阿卜杜勒的公寓。天黑后，阿

1　这个案例是从以前发表的文章（Rothschild, 1996/7, 1997）中提炼的精简版。——作者注

卜杜勒想跟她发生性关系，但不允许他朋友一起，因为他"爱上"了她。她提出反抗，并要求他把自己送回酒店。阿卜杜勒威胁她说，如果不同意，他俩就都会强行和她发生性关系。露丝后来就失去了意识。第二天早上，阿卜杜勒带她回她的酒店，在路上给她买了早餐。当他们到酒店时，朋友们都很关心她昨晚去了哪儿，但当时露丝对发生的一切感到既尴尬又羞耻，只好说自己整晚都在跳舞。

回家后，阴道感染让露丝不得不寻求治疗。那位妇科医生是第一个知道她被强奸了的人，但他的反应是冷漠的、职业的，还带点儿刺探性隐私的意图。这更增加了她的羞耻。后来，她告诉了和她一起旅行的一个朋友，好在那个朋友非常有同情心，对她的遭遇感到非常难过。露丝觉得松了口气，因为终于有人听她倾诉了。

在治疗刚开始的几次面谈中，我们决定聊聊强奸发生之后的情况。这次，她无法对犯罪者采取行动或寻求帮助的相关性逐渐变得清晰。

被强奸的第二天早上，当露丝和阿卜杜勒离开他的公寓时，露丝觉得她必须对他态度好一点儿。她不知道自己在哪儿，也不知道怎么回酒店，还不会说当地的语言。她觉得需要阿卜杜勒把她带回安全的地方——靠这个强奸了她的人找到安全！所以她允许他握着自己的右手。她仍记得自己右手的紧张感，以及想要把手抽出来的冲动。

当露丝和阿卜杜勒走近她的朋友时，她有一种冲动，想大声呼喊："打电话报警！他强奸了我！"但喉咙的紧张感扼制了这种冲动，她害怕看到大家的反应。

露丝现在有位中东女性好友，于是我建议她向这位朋友咨询这件事涉及的文化态度。露丝从她这位朋友那里得到了很多启发，意识到假如一个年轻欧洲女性指控一个中东男性强奸她，那当地的中东人会把这个女性看作妓女。最好的结果可能是他们不会搭理她，而最坏的情况是他们可能指控她或打她。这位好友确信，警察不会认真对待这种情况，他们甚至可能会逮捕露丝。这种从文化层面的深入洞悉，对减轻露丝当时没去寻求帮助或报复的内疚感至关重要。

在露丝回忆过去时，我让她体会一下，她的身体得做什么才能让自己握住强奸犯的手而不哭（这是很难做到的）。她必须在放松手的同时绷紧手臂，绷紧喉咙，不逃跑，等等。同时，我鼓励她想想自己的聪明之处——她很可能是通过这些方式，使自己免受更多伤害、羞耻和痛苦。

这时，露丝开始对强奸犯以及他如何给自己下圈套感到愤怒，而在此之前，她总是自责。她意识到做错事的是他，责任并不在自己（尽管她仍对自己看人不准导致被强奸耿耿于怀，但此时她已经明白，阿布杜勒要对强奸事件负全责），自己曾明确拒绝过他的性企图。随即，也就是自强奸发生以来的第一次，露丝想起来，当她反抗时，阿卜杜勒差点儿掐死她。

这是治疗重要的一步，指明罪责相当关键。许多创伤幸存者太过自责，而许多治疗师也太急于将所有问题归咎于犯罪者。为了让来访者找回自信和理智，治疗师必须点明让他们内疚的真相。强奸犯要对强奸行为负责，而受害者必须愿意审视自己如何陷入这种情况。这不是为了让受害者感到内疚，而是为了以后不再发生同样的事。

露丝表达了自己的愤怒，哭着说阿卜杜勒一直逍遥法外，而她这些年却在受苦，这不公平。我建议她想象一下，她希望发生什么。她回答得又快又清楚：他应该被捕、受审、被阉割。"不能控制自己下半身的男人不配拥有性欲。"她确信自己不希望他被杀，也不希望他受折磨，只想让他失去雄性激素，也就是导致他强奸自己的根源。

露丝现在感觉不同了。自从被强奸，她第一次没有因为被强奸而感到羞愧。相反，她对强奸犯感到愤怒。

这是露丝治疗中的关键转折点。剩下的工作就容易多了，她面对强奸事件本身时，不再被羞耻和谁对谁错的疑虑所困扰。而当她开始审视自己是如何陷入这种情况时，对强奸事件本身的羞耻，与对自己当时不够谨慎的内疚感就分开了。

连接内隐和外显的桥梁

当 PTSD 让人身心分离，关于创伤性事件的图像、情绪、身体感觉和行为就会成为内隐记忆，并与外显存储的关于创伤性事件的事实和意义的信息脱离开来，无论它们是否被有意识地记住了。治疗创伤需要将创伤性事件的所有方面联系起来，内隐记忆和外显记忆也必须被连接起来，以便对事件进行连贯叙述，并将其置于属于来访者过去的恰当位置。在创伤性记忆的背景下，让内隐编码的感觉、情绪和行为有意义，是这个治疗过程的关键部分。我们可以在心理治疗和身体心理治疗的方法中，找到建立这座桥梁的工具。解决发生在身体中的问题是必要的，用语言来理解和描述这种经历同样是必要的。底线是要帮助来访者同时思考和感受，也就是说，要能感受到他们的感觉、情绪和行为，同时对这些感觉和伴随它们的图像以及想法之间的关系得出连贯的结论。最后，关于创伤性事件的连贯性叙述会形成，该事件也会在来访者的经历中找到恰当的位置。

下面介绍的两个治疗过程，表明了当心理和身体这两个维度被包括进来时，用创伤治疗做整合是完全可能的。一如既往地，我鼓励治疗师多思考哪些元素可能会在他们自己的工作中起作用。

盖尔（二）

在本书第六章的末尾，我描述了盖尔为解决之前车祸造成的创伤而进行的第一次治疗。以下是随后一次治疗的记录。("T"代表治疗师,"G"代表盖尔。)

T:你今天想解决哪方面的问题?

G:最近有人问我手臂上的疤是怎么来的,这让我感到头晕恶心。我脑子里出现了一幅非常清晰的车祸影像——车轮停下,我低头一看,发现左手臂断了。

T:当你现在说到这个时,身体有什么感觉?

G:这里有点儿焦虑(她指着她的肚子),我的下巴也有种奇怪的感觉,有点儿发抖。

T:我们之间的距离怎么样?

(我记得以前她有解离的倾向。)

G:(她笑了)没事。

T:告诉我,你对你的心锚还有什么印象。

(在每次会谈中重新检查心锚很重要,因为有时它需要被调整或改变。)

G:在我朋友家附近的一个地方,一个有美丽森林的山谷里,有一条清澈不深的河,可以看到河底的岩石。河边有一块很特别的大花岗岩,我喜欢坐在上面。

T:你现在身体有什么感觉?

G:我的肚子放松了,肩膀也放松了,我的手很干燥。

(这些征兆意味着她的副交感神经系统是放松的,治疗是安全的,可以继续下去。)

T：那我们就从这里切入吧，好吗？

G：好的。

T：你想从哪里开始？

（给予来访者控制感。）

G：我想告诉你车停下时发生了什么。那是我第一次意识到我还活着。我往下一看，我的前臂弯了（断了），我就把它拉直了，好像我不能忍受它像那样弯着。

T：当你说到这些时，你有什么感觉？

G：没什么，没感觉，但在内心深处，我知道那真的很可怕。

T：知道它很可怕，但不感觉它可怕，那是什么感觉？

（盖尔的恐惧已经解离，我想知道她是如何看待这种恐惧的，但不能逼迫来访者去感受解离的感觉。）

G：很奇怪。我不喜欢这种感觉。我想把这两件事放在一起。

T：哪两件事？

G：对我的手臂感到害怕。

T：不要想当然地认为你自己非常害怕。

（盖尔害怕感受她的恐惧，我不希望她把自己的恐惧想象得比实际情况严重。有时，来访者的情绪被解离，是因为他们担心自己会因它们而崩溃，他们往往以为自己的情绪很极端，其实它们有时很轻微。）

T：现在你身体有什么感觉？

G：能更多地感觉到我的肩膀。

T：你好像在动。你在动吗？

G：我在向右扭动。

T：你想不想关注一下身体？看看能不能保持这种动态，并说说你的感觉（她的身体向右侧过去了些），当你这样做时会想起什么？

G：我记得我想用手臂抱住我的男朋友，感受他的存在，但他没有意识。（她说话变快了，声调也变高了。）然后那个警察来到我车窗前，我大喊"把我从这里弄出去"。我害怕汽车会爆炸，而且……

T：等等，慢慢说。告诉我你现在的感觉。

（她的情绪开始被叙述裹挟，我们必须"踩刹车"，防止她崩溃，或受到二次创伤。）

G：我觉得有点儿发抖，想哭。

T：你知道这是什么情绪吗？

（此时我不希望她沉浸在情绪之中，她不够自信，我想让她在更强烈地感受这种情绪前，就知道它是什么，这样她就会更熟悉它，并更有可能消化它。）

G：吓坏了。还有点儿像……我想不出这个词，就像有必须马上处理的事，很紧急。

T：你的身体里有什么感觉？

G：发虚。我有一种冲动，想站起来，想走开。

（许多感受和感觉被同时记住了。）

T：继续描述你现在的冲动。

G：我觉得我做不到。我想告诉你的是，那个警察不让我这么做。

他不让我站起来，不让我出去。他在做他应该做的事，他说
"坚持住。你感觉得到你的脚吗？你感觉得到你的腿吗？你的
背疼吗"。但我一直在说"我只想离开这里。我很好。让我离
开这里"。他却让我忍受所有这些。

T：你知道他为什么要这样做吗？

（现实测试。）

G：他想确保我的脊椎没受伤。但我知道我没有受伤。我已经检
查过了，我自己检查过了。我已经检查过了！我已经那样做过
了，我只想离开那里。

T：你现在有什么感觉？

G：愤怒。我想说"闭嘴！我知道挪动是安全的，把我从这儿弄
出去"。

T：你是否记得（或知道），从警察赶到你车边，到他帮你下车，
用了多长时间？

（又是一次现实测试。当时可能感觉是漫长的。）

G：我不认为时间很长。

T：你现在身体有什么感觉？

G：有点儿平静了。我感觉腿有一点儿抖。

（颤抖往往伴随着恐惧的释放，但现在还不是关注它的时候，
因为她目前与恐惧的联系不紧密。）

T：你的手和胳膊发生了什么？

G：（往下看）我的右手抓着我的左臂。这就是我当时所做的，我
撑着我断了的手臂。

（视觉线索和运动神经帮助身体记住了盖尔创伤性记忆的核心姿势。）

T：感觉如何？

G：我感觉到喉咙里像有东西，不知道是什么。

T：你和我之间的距离让你感觉如何？

G：很好。

T：我们可以继续下去吗？我没有把你带到心锚上，因为看起来你可以承受目前的神经唤醒水平。

（检查她是否有解离现象。刚才发生了很多事，而她的过度觉醒水平并不是特别高。一般来说，当情绪被整合时，过度觉醒水平会降低，但确认一下总没错。）

G：是的，没问题。

T：你注意到你的胳膊怎么了吗？

G：我不想把我的右臂从我的左（断）臂上移开。

T：你好像不想关注你的左臂，是这样吗？

G：是的，我不想，但那里有些东西……

T：你不用强迫自己。

G：没关系，我可以的。

T：先不要这样做。当你做的时候，我建议你每次只瞄一眼，然后看看会发生什么。

（让她一点一点掌握控制感。）

G迅速瞥了一眼左臂。

T：怎么样？

G：我感到全身一阵颤抖。

T：贯穿全身？

G：是的，感觉就像——噢，太可怕了。（她的颤抖加剧。）

T：就让它去吧。

（现在她与自己的恐惧建立了更多联系，也就有了更多机会进行整合。）

G：我觉得有点恶心。

T：试试看，你能不能在发抖和恶心的感觉中坚持一分钟左右。

　　G这样做了，然后她颤抖的感觉消失了。

T：你感觉如何？

G：比较平静，但还是有点儿不舒服。

T：你不觉得这是种正常反应吗？当看到断肢处于不自然的位置时，人就会有一种恶心的感觉。

G：哦，是的！它看起来很糟。呃……（她颤抖得更厉害了。）

T：发抖的感觉如何？

G：其实感觉挺好的。

（她正在整合这段记忆的图像、感觉和感受。）

T：不必干预它，就让它自然发生。当你发抖时，恶心的感觉会怎样？是更恶心还是更不恶心了？

G：更不恶心了。

T：我们的距离如何？

G：挺好的。

T：和之前感觉一样吗？

G：只有一点点拉远。

（轻微的解离。是时候"踩刹车"和使用心锚了。）

T：我们休息一下吧。

G 如释重负地笑了。

T：你喜欢的那个地方有什么树？

G：橡树。

T：橡树是那种叶子会像小直升机一样旋转着掉下来的树吗？

G：不，那是枫树。橡树有橡子！

T：哦，对，对哦。（我们都笑了。）

（笑声是一个很好的应对过度觉醒的紧张和解离的补救措施。）

T：你一般是在树上有叶子时还是没有叶子时去？

G：我都去过。

T：一年四季都去吗？你见过树叶变色吗？

G：是的。

T：你现在身体有什么感觉？

G：放松，紧张感少了。

T：你光脚在小河里走过吗？

（联想与心锚有关的各种感觉。）

G：哦，当然走过！一直光脚。嗯……也不是一直，有时冬天也会
让脚指头沾沾水。

T：那样感觉如何？

G：非常净化身心，而且非常冷。但它真的能帮我清净心灵。（她
深深地呼了口气。）

T：你能感到自己的呼吸吗？

G：是的。

T：你想继续在那里待一会儿，还是该回去了？

G：再待一会儿吧。我觉得我下面有块石头。

（来访者掌握了控制感。）

T：还有什么呢？

G：我能听到周围的水声。

T：你给朋友看过你的石头吗？

G：没给他们看过这块，是其他的。但这一块对我来说太特别了……现在我准备好回去了。

（来访者越是有掌控感，就越有勇气去面对令人恐惧的过去。）

T：当你想到你的胳膊时，你的身体有什么感觉？

G：我感觉自己朝向右侧，回避看到左臂。

T：你能描述得详细一点儿吗？

G：是的，这很怪。感觉好像如果我朝向左侧就会变得非常情绪化。

T：那假如你朝向右侧呢？

G：朝右时我没感觉，就像我想"不让任何人看到我有事"，我伸直了右臂，我就"好"了。

T：当你在这种状态下移动胳膊时，是什么感觉？

G：没什么。没有痛苦，没有感觉，全然麻木。

T：所以你为了完成一项重要的任务而部分解离了。

（找到自我心理防御中的心理资源。）

G：是的。我是担心如果我被挪动，骨头会戳破我的皮肤。但医生们不让我这样做。

T：你在做你能做的一切来保护自己。为了达到这个目的，你必须进行某种内部分裂，看起来，你是把左臂和右臂分离了。

G：是的，还有背部。肯定还有背部。

T：把注意力放在你的右侧和背部。你现在能感觉到这部分身体吗？

G：算是能吧，但我还没完全进入状态。我在中间徘徊。

T：我注意到你的手。你感觉你的手怎么了？

G：它们在发抖。

T：它们？

G：嗯……实际上我的左手在发抖，右手没有。

T：是的。

G：感觉左手很害怕。

T：那右手呢？

G：好像右手更稳定，告诉我"我能处理这个问题"。

（左右手代表正在发生的感觉和麻木之间的左右分裂。）

T：现在请你把注意力同时放在两只手上。你能做到吗？

G：能。

T：很好。把你的注意力保持在两只手上，同时慢慢把两手移到一起。

（这个动作象征着把她身体有感觉的部分和麻木的部分进行整合。）

G 照做时有些发抖。

T：你感到自己在发抖吗？

G：是的。（她缓慢地继续着。）

T：怎么了？

G：我感到生气，气自己想保护好自己，也气自己没保护好自己。比如，我当时拉直手臂，假装自己没事。

T：你眼睛怎么了？

G：我流泪了，伤心。

T：你知道是为什么吗？

（她能否理解自己的感觉和感受——在感受的同时进行思考？）

G：当时不是他们对我不好，而是我不给他们机会。因为我一直跟大家说我很好。

T：事实是什么？

G：你是问我为什么那样做，还是我的真实感受？

T：你的真实感受。

G：我当时感到非常害怕。（她开始哭，声音变得又尖又细。）车子失去控制，一直在翻滚……

（她把事故画面和解离的情感相交织。）

T：……你当时真的很害怕……

G：……我当时真的很害怕。它像在做慢动作翻滚，感觉过了无数个小时，永远也停不下来。

T：……你当时真的很害怕……

（鼓励她在回忆时保持恐惧。如果来访者能感到现在是足够安全的，可以回忆以前被自己解离的恐惧，就说明创伤治疗向着成功迈进了一大步。）

G：……我当时真的很害怕。我真的很怕！

T：你现在还怕吗？

G：是的。（她颤抖着。）

T：我能看得出。没事，如果害怕，就让自己发抖好了。

（如果来访者可以解释自己的恐惧，那颤抖将有助于释放这种恐惧。）

G：还有……

T：慢慢来。看能不能把注意力一直集中在你的身体感觉上。

G：（她抖得更厉害了）我能感到自己现在越来越气愤了。我想告诉你，最让我感到无助的是那个警察说的话。他走过来，嘴里说的第一句话是（她的声音加重）"哇，我赶来看到这辆车时，还以为我要捡一堆破烂了"，而（她的声音变得更响，带着哭腔）我不该听到这些的！

T：这更让你害怕。

G：是的！我真的、真的不应该听到这些！

T：试着保持愤怒，同时感觉一下他的话让你有多害怕。

G：不，我不想去感觉自己有多害怕。

T：好吧。你现在身体有什么感觉？

G：在我的座位上很踏实。不过有点儿分心了。

T：你知道为什么吗？

G：我想是因为我不愿去感受那种恐惧。

T：你有没有告诉过别人你有多害怕？

G：没有。我一直都是"很好"的样子。我告诉每个人我多么走运，活下来了。我从没告诉任何人我很害怕。

T：你能告诉别人吗，现在？

G：这可能很难。也许可以告诉我最好的朋友。

T：你能想象告诉她吗？

G：我知道我也许可以告诉她，但不知道我是否能感觉到什么。

T：你想试试吗？

G：是的。

T：你知道我为什么要这样建议吗？

　　（这不是"猜猜看"的游戏。我想知道她是否在思考，是否能够明白我的目的。如果她不知道，我会告诉她。）

G：因为我的创伤从没得到任何人际支持。

T：正是如此。看来你一直在独自面对这种恐惧。

G：是的，我一直独自面对。

T：好的，你愿意试试吗？

G：是的，我想试试。

T：那么，在你的脑海中，想象与你朋友在一起。你们两个会在哪里？

G：在我的厨房里。只是想象一下，我就能感觉到自己有点儿发抖。

T：那就让自己发抖吧。（她这样做了，也哭了一会儿。然后她不哭了，也不抖了。）你想告诉你朋友什么？

G：（情绪很激动）我很害怕。我以为我要死了。然后这个愚蠢的警察来告诉我，他以为我死了！我很生气。我非常生气。他说的是什么蠢话！

T：你没死，但你非常害怕。

G：这好像才是该说的！（笑）我并没死！我没死，事实上，我甚至没受多少伤。

T：但是，你很怕自己会死。

G：我身上没受多少伤，但是，天哪，我吓死了，以为自己会死。

T：你现在身体有什么感觉？

G：彻底醒悟了。更加平静。心也不狂跳了。

T：你认为你真的可以告诉你的朋友吗？

G：是的。我真的想这么做。我想我回家后会给她打电话。

（把治疗与来访者日常生活相联结，这非常重要。如果治疗不实用，那它就没什么价值。）

T：你的身体现在有什么感觉？

G：其实相当平静。

T：如果可以，我想让你再试着看一下你的左臂。（G看着她的手臂。）有什么感觉？

（检查一下，看看整合和解决了多少。）

G：看到这些疤痕，我感到有点儿难过，但没感到恶心或害怕。

T：你知道为什么难过吗？

G：替自己难过。手臂受伤了，我却没告诉任何人我很害怕。

T：我很能理解你这种感觉。那我们现在结束治疗，你觉得怎么样？

G：没问题。

从创伤的触发点（她手臂上的疤痕）开始，盖尔能做到认识和整合车祸中最让她害怕的部分。在视觉和听觉记忆呈现的情况下，她逐步理解了自己的身体感觉、情绪和动作。最重要的内省是承认自己一直以来多么孤独地活在那场车祸的可怕记忆里。盖尔将在现实生活中采用新的做法，与最好的朋友谈论此事。希望她下次感到害怕时有能力向别人诉说。在治疗结束时，盖尔能够面对原始创伤刺激（看着她的手臂），完全没有过度焦虑。

查理和狗（终篇）

这个案例是本书第一章中介绍的，作为线索贯穿理论部分。在第六章中，它被用来说明简单的身体意识如何让来访者从过度觉醒的状态平静下来。现在，"查理和狗"将作为总结案例，说明联系内隐和外显记忆的重要性。在这个案例中，现实测试和关注身体信号都有助于改变来访者对创伤触发因素的反应。

当查理能够感觉到自己的身体时（这基本已经帮他平静下来了——除了口干舌燥，其他交感神经激活的迹象都在减少），他可以思考了。我问他："拉夫和袭击你的那条狗一样吗？"他吓了一跳，答道："不知道，我从没看过拉夫。"这让他培训小组里的每个人都很惊讶，因为过去两年里，查理曾多次与拉夫距离很近。然而，他总是想方设法彻底回避它，就算只是想到要看着拉夫，他都会变得非常焦虑。我鼓励他，建议他透过手指缝，飞快地偷看一下拉夫（就像害羞的孩子会做的那样）。他做得非常快，快得像照相机快门，只够"咔嚓"一张拉夫的视觉图像。"拉夫看起来一点儿也不像那只袭击我的狗！"他意识到这一点后，就大大平静下来，身体逐渐放松，交感神经的兴奋度进一步下降。这是一个非常激动人心的反应。我和查理耐心等待并观察他身体放松的过程，不时检查他身体的意识，直到他的身体彻底不再僵硬。他的腿渐渐变得不安起来——我们很容易看到他大腿和小腿出现了类似瘙痒的反应。我让他注意这些反应，也就是莱文所说的有意动作。我鼓励他在内心（通过内脏感觉和运动感觉神经）感知它们。我推测，如果我们有耐心，他这些有意动作会进一步发展。事实也正是如此。又过了几分钟，查理感到有一种冲动，想把腿从拉夫坐的地方蜷缩起来。他这样做了，相当开心地说："如果拉夫来了，我就可以这样，然后它就不能把头搁在我膝盖上了。"接着，查理发现自己又有了一种冲动，想站起来走出几米远。他边这样做边说："如果拉夫来了，我也可以走开。"（显然查理在过度觉醒状态时是没法这样做的。）此时，我再次检查了他的身体意识——所有过度觉醒迹象都消失了。

后来在培训课上，查理有机会尝试他的新方法，因为拉夫真的又过来了两次，趴到了他身边。

第一次，尽管查理报告说自己当时很焦虑，但他做到了在创伤被触发前转身离开拉夫。而第二次，查理只是蜷起双腿，离趴在旁边的拉夫远一点儿。这次，查理不觉得有任何焦虑。我们从没讨论过查理被狗袭击的创伤性事件的细节，相反，我们发展了身体意识、现实测试以及新的行为能力。在那次培训课后，我见到了查理，他向我报告说，尽管他对曾经攻击过他的那种狗仍保持高度警惕，但当他隔着窗看到狗，甚至在街上遇到狗时，他不再僵住或出冷汗了。几年后我再次见到查理，他很自豪地告诉我，他和家人领养了一条狗，他很喜欢它。这真是让人加倍开心的好消息。

僵直不动、口干舌燥、心率加快，以及狗头搁在腿上的感觉所代表的内隐记忆，与查理的事实性外显记忆（"我被一只狗袭击了"）结合在了一起。外显记忆过程用来确认现实是与过去不同的（"拉夫看起来一点儿也不像攻击我的狗"）。新的行为（把腿蜷缩到另一边，起身走开）也在内隐记忆（通过练习）和外显记忆（通过描述和理解新旧行为）中被编码。

身体通过对与创伤有关的感觉、动作和情绪在大脑中的编码，来记忆创伤性事件。治疗 PTS 和 PTSD，需要关注来访者身体上的变化以及头脑里的解读。语言架起了身心之间的桥梁，将外显和内隐记忆联系起来。当创伤性事件的影响被削弱，躯体记忆就会成为历史，被来访者放回属于它们的过去。

图8.1　THE FAR SIDE（1990，作者：盖瑞·拉森）

FARWORKS公司版权所有，经允许转载。

致　谢

　　如果没有来自他人的指导、帮助、影响、启发和建议，我不可能完成这本专业书籍的艰巨写作任务。进入心理治疗领域28年以来，给予过我帮助的人不胜枚举，我希望在此一并向所有的老师、治疗师、督导、研究人员致谢，是你们帮我塑造出实用且经得起推敲的观点。本书会提及那些在创伤理论和治疗方面对我影响极大的人，尽管如此，我还是要特别感谢利斯贝思·马尔谢（Lisbeth Marcher）及其在丹麦身体动力学研究所的同事们：彼得·莱文和巴塞尔·范德考克，他们对本书观点的发展和演变影响深远。我还想对许多接受培训、督导的治疗师，以及学生和来访者表示感谢，他们都或多或少为本书内容做出了贡献。和许多人一样，我也从自己有幸教导和治疗过的人那里学到了很多，并将继续学到更多。

　　要特别感谢卡伦·伯曼（Karen Berman）、丹尼·布罗姆（Danny Brom）、艾莉森·弗里曼（Alison Freeman）、迈克尔·加文

（Michael Gavin）、大卫·格里尔（David Grill）、约翰·梅（John May）、伊冯娜·帕金斯（Yvonne Parkins）、吉娜·罗斯（Gina Ross）和西玛·朱利亚尔·斯坦利（Sima Juliar Stanley），感谢他们对书稿提出毫不留情的意见。此外，我还要感谢生命科学作家卡琳·莱恩斯（Karin Rhines），她是本书写作的超级"私教"，她对写作技巧的熟稔，以及不可思议、恰如其分的褒贬点评力，价值无可估量。

我自认是非常幸运的作者，有诺顿出版社作为出版商。我以前曾读过许多作者感激编辑苏珊·芒罗（Susan Munro）的致谢词，如今我也对他们的感激之情感同身受。她的业务熟练、耐心幽默，以及对选题和专业义献的学识深度都是本书宝贵的加分项。其实，我在与大西洋两岸的诺顿出版社工作人员接触的过程中，一直受到他们的鼓励和支持，他们每一位都让本书的写作成为一种乐趣。

参考文献

American Psychiatric Association. (1980). *Diagnostic and Statistical Manual of Mental Disorders* (3rd ed.). Washington DC: Author.

American Psychiatric Association. (1994). *Diagnostic and Statistical Manual of Mental Disorders* (4th ed.). Washington DC: Author.

Andrews, B. (1997). Forms of memory recovery among adults in therapy: Preliminary results from an in-depth survey. In J. D. Read & D. S. Lindsay (eds.), *Recollections of Trauma: Scientific Evidence and Clinical Practice* (pp. 455–460). New York: Plenum.

Azar, B. (1998). Why can't this man feel whether or not he's standing up? *APA Monitor*, 29(6). 18–20.

Bandler, R., & Grinder, J. (1979). *Frogs into Princes*. Moab, UT: Real People.

Bauer, M., Priebe, S., & Graf, K. J. (1994). Psychological and endocrine abnormalities in refugees from East Germany, part II: Serum levels of cortisol, prolactin, luteinizing hormone, follicle stimulating hormone and testosterone. *Psychiatry Research*, 51, 75–85.

Begley, S. (1999, spring/summer). Understanding perimenopause. *Newsweek, Special Issue*, 30–33.

Bloch, G. (1985). *Body and Self: Elements of Human Biology, Behavior and Health*. Los Altos: William Kaufmann.

Bodynamic Institute Training Program, 1988—1992, Copenhagen, Denmark: Author.

Bremner, J. D., Randall, P. K., Scott, T. M., Bronen, R. A., Seibyl, J. P., Southwick, S. M., Delaney, R. C., McCarthy, G., Charney, D. S., & Innis, R. B. (1997). Magnetic resonance imaging-based measurement of hippocampal volume in posttraumatic stress disorder related to childhood physical and sexual abuse: a preliminary report. *Biological Psychiatry*, 41(1), 23–32.

Bremner, J. D., Southwick, S., Brett, E., Fontana, A., Rosenheck, R., & Charney, D. S. (1992). Dissociation and posttraumatic stress disorder in vietnam combat veterans. *American Journal of Psychiatry*, 149, 328–332.

Breslau, N., Davis, G. C., Andreski, P., & Peterson, E. (1991). Traumatic events and posttraumatic stress disorder in an urban population of young adults. *Archives of General Psychiatry*, 48(3), 216–222.

Brett, E. A. (1996). The classification of posttraumatic stress disorder. In B. A. van der Kolk, A. C. McFarlane, & L. Weisaeth (eds.), *Traumatic Stress* (pp. 117–128). New York: Guilford.

Claparede, E. (1951). Recognition and "me-ness." In D. Rapaport (ed.),

Organization and Pathology of Thought (pp. 58–75). New York: Columbia University Press. (original work published 1911)

Classen, C., Koopman, C., & Spiegel, D. (1993). Trauma and dissociation. *Bulletin of the Menninger Clinic*, 57(2), 178–194.

Damasio, A. R. (1994). *Descartes' error*. New York: Putnam.

Darwin, C. (1872/1965). *The Expression of the Emotions in Man and Animals*. Chicago: University of Chicago Press. (original work published 1872)

De Bellis, M. D., Keshavan, M. S., Clark, D. B., Casey, B. J., Giedd, J. N., Boring, A. M., Frustaci, K., & Ryan, N. D. (1999). Developmental traumatology, part II: Brain development. *Biological Psychiatry*, 45(10), 1271–1284.

Duggal, S., & Sroufe, L. A. (1998). Recovered memory of childhood sexual trauma: A documented case from a longitudinal study. *Journal of Traumatic Stress*, 11 (2), 301–321.

Eich, J. E. (1980). The cue-dependent nature of state-dependent retrieval. *Memory and Cognition*, 8(2), 157–173.

Elliott, D. M. (1997). Traumatic events: Prevalence and delayed recall in the general population. *Journal of Consulting and Clinical Psychology*, 65(8), 811–820.

Ferenczi, S. (1949). Confusion of tongues between the adult and the child. *International Journal of Psychoanalysis*, 30, 225–230. (Paper originally read at the 12th International Psychoanalytical Congress, Wiesbaden, September 1932)

Gallup, G. G., & Maser, J. D. (1977). Tonic immobility: Evolutionary underpinnings of human catalepsy and catatonia. In M. E. P. Seligman & J. D. Maser (eds.), *Psychopathology: Experimental Models* (pp. 334–357). San Francisco: W H. Freeman.

Grafton, S. (1990). *"G" is for Gumshoe.* New York: Ballantine.

Goulding, M. M., & Goulding, R. L. (1997). *Changing Lives through Redecision Therapy* (rev. ed.). New York: Grove.

Gunnar, M. R., & Barr, Ronald G. (1998). Stress, early brain development, and behavior. *Infants and Young Children,* 11(1), 1–14.

Heide, F. J., & Borkovec, T. D. (1984). Relaxation-induced anxiety: Mechanisms and theoretical implications. *Behavioral Research and Therapy,* 22(1), 1–12.

Heide, F. J., & Borkovec, T. D. (1983). Relaxation-induced anxiety: Paradoxical anxiety enhancement due to relaxation training. *Journal of Consulting and Clinical Psychology,* 51(2), 171–182.

Herman, J. L. (1992). *Trauma and Recovery.* New York: Basic.

Hovdestad, W. E., & Kristiansen, C. M. (1996). Mind meets body: On the nature of recovered memories of trauma. *Women and Therapy,* 19(1), 31–45.

International Society for Traumatic Stress Studies. (1998). *Childhood Trauma Remembered: A Report on the Current Scientific Knowledge Base and Its Applications.* Northbrook, IL: Author.

Jacobsen, R., & Edinger, J. D. (1982). Side effects of relaxation treatment. *American Journal of Psychiatry,* 13(7), 952–953.

Janet, p. (1887). L'Anesthesie systematisee et la dissociation des phenomemes psychologiques [Systematized anesthesia and the psychological phenomenon of dissociation]. *Revue Philosophique*, 23(1), 449–472.

Jørgensen, S. (1992). Bodynamic analytic work with shock/post-traumatic stress. *Energy and Character*, 23(2), 30–46.

Kulka, R. A., Schlenger, W. E., Fairbank, J. A., Hough, R. L., Jordan, B. K., Marmar, C. R., & Weiss, D. S., (1990). *Trauma and the Vietnam War Generation: Report of Findings from the National Vietnam Veterans Readjustment Study*. New York: Brunner/Mazel.

LeDoux, J. E. (1996). *The Emotional Brain*. New York: Simon & Schuster.

Lehrer, P. M., & Woolfolk, R L. (1993). Specific effects of stress management techniques. In P. M. Lehrer & R. L. Woolfolk (eds.), *Principles and Practice of Stress Management* (pp. 481–520). New York: Guilford.

Levine, P. (1992). *The body as healer: Transforming Trauma and Anxiety*. Lyons, CO: Author.

Levine, P. (1997). *Waking the Tiger*. Berkeley, CA: North Atlantic.

Lindy, J. D., Green, B. L., & Grace, M. (1992). Somatic reenactment in the treatment of posttraumatic stress disorder. *Psychotherapy and Psychosomatics*, 57, 180–186.

Loewenstein, R. J. (1993). Dissociation, development and the psychobiology of trauma, *Journal of the American Academy of Psychoanalysis*, 21(4), 581–603.

Malt, U. F., & Weisaeth, L. (1989). Disaster psychiatry and traumatic stress studies in Norway. *Acta Psychiatrica Scandinavia*, 355(suppl.), 7–12.

Marmar, C. R, Weiss, D. S., Metzler, T. J., & Delucchi, K. (1996). Characteristics of emergency services personnel related to peritraumatic dissociations during critical incident exposure. *American Journal of Psychiatry*, 153(Festschrift suppl.), 94–102.

Nadel, L. (1994). Multiple memory systems: What and why, an update. In D. L. Schacter & E. Tulving (eds.), *Memory Systems* (pp. 39–63). Cambridge: MIT Press.

Nadel, L., & Jacobs, W. J. (1996). The role of the hippocampus in PTSD, panic, and phobia. In N. Kato (ed.), *Hippocampus: Functions and Clinical Relevance* (pp. 455–463). Amsterdam: Elsevier.

Nadel, L., & Zola-Morgan, S. (1984). Infantile amnesia. In M. Moscovitch (ed.), *Infantile Memory* (pp. 145–172). New York: Plenum.

Napier, N. (1996). *Recreating Your Self: Increasing Self-Esteem through Imaging and Self-Hypnosis*. New York: Norton.

Nathanson, D. L. (1992). *Shame and Pride: Affect, Sex, and the Birth of the Self*. New York: Norton.

Pavlov, I. P. (1960). *Conditioned Reflexes*. New York: Dover. (original work published 1927)

Penfield, W., & Perot, P. (1963). The brain's record of auditory and visual experience. *Brain*, 86, 595–696.

Perls, F. (1942). *Ego, Hunger and Aggression*. Durban, South Africa: Knox.

Perls, F. (1969). *In and Out of the Garbage Pail*. Moab, UT: Real People.

Perry, B. D., Pollard, R. A., Blakley, T. L., Baker, W. L., & Vigilante, D. (1995). Childhood trauma, the neurobiology of adaptation, and "usedependent" development of the brain: How "states" become "traits." *Infant Mental Health Journal*, 16(4), 271–291.

Rauch, S. L., Shin, L. M., Wahlen, P. J. H., & Pitman, R. K. (1998). Neuroimaging and the neuroanatomy of posttraumatic stress disorder. *CNS Spectrums*, 3(7) (supple. 2), 31–41.

Reus, V. I., Weingartner, H., & Post, R. M. (1979), Clinical implications of state-dependent learning. *American Journal of Psychiatry*, 136(7), 927–931.

Rothschild, B. (1993). A shock primer for the bodypsychotherapist. *Energy and Character*, 24(1), 33–38.

Rothschild, B. (1995a). Defining shock and trauma in body-psychotherapy. *Energy and Character*, 26(2), 61–65.

Rothschild, B. (1995b). *Defense, Resource and Choice*. Presentation at The 5th European Congress of Body-Psychotherapy, Carry-Le Rouet, France.

Rothschild, B. (1996/97). An annotated trauma case history: Somatic trauma therapy, part I. *Somatics*, 11(1), 48–53.

Rothschild, B. (1997). An annotated trauma case history: Somatic trauma therapy, part II. *Somatics*, 11(2), 44–49.

Rothschild, B. (1999). Making trauma therapy safe. *Self and Society*, 27(2), 17–23.

Sapolsky, R. (1994). *Why Zebras Don't Get Ulcers*. New York: W. H. Freeman.

Schacter, D. (1996). *Searching for memory*. New York: Basic.

Schore, A. (1994). *Affect Regulation and the Origin of the Self*. Hillsdale,

NJ: Lawrence Erlbaum.

Schore, A. (1996). The experience-dependent maturation of a regulatory system in the orbital prefrontal cortex and the origin of developmental psychopathology. *Development and Psychopathology*, 8, 59–87.

Schuff, N., Marmar, C. R., Weiss, D. S., Neylan, T., Schoenfeld, F. B., Fein, G., & Weiner, M. W. (1997). Reduced hippocampal volume and n-acetyl aspartate in posttraumatic stress disorder. *Annals of the New York Academy of Sciences*, 821, 516–520.

Scott, M. J., & Stradling, S. G. (1994). Post-traumatic stress disorder without the trauma. *British Journal of Clinical Psychology*, 33(1), 71–74.

Selye, H. (1984). *The Stress of Life*. New York: McGraw-Hill.

Siegel, D. J. (1996). Cognition, memory and dissociation. *Child and Adolescent Psychiatric Clinics of North America*, 5(2), 509–536.

Siegel, D. J. (1999). *The Developing Mind*. New York: Guilford.

Skinner, B. F. (1961). *Teaching Machines. Scientific American*, 205(5), 90–107.

Squire, L. R. (1987). *Memory and Brain*. New York: Oxford University Press.

Stevens, J. O. (1971). *Awareness: Exploring, Experimenting, Experiencing*. Moab, UT: Real People.

Suarez, S. D., & Gallup, G. G. (1979). Tonic immobility as a response to rape in humans: A theoretical note. *Psychological Record*, 29, 315–320.

Tavris, C. (1998, June 21). A widening gulf splits lab and couch. *The New York Times*.

Terr, L. (1994). *Unchained Memories*. New York: Basic.

van der Hart, O., & Friedman, B. (1989). A reader's guide to Pierre Janet on dissociation: A neglected intellectual heritage. *Dissociation*, 2(1), 3–16.

van der Hart, O., & Nijenhuis, E. R. S. (1999). Bearing witness to uncorroborated trauma: The clinician's development of reflective belief. *Professional Psychology: Research and Practice*, 30(1), 37–44.

van der Hart, O. & Steele, K. (1997). Relieving or reliving childhood trauma? A commentary on Miltenburg and Singer. *Theory and Psychology*, 9(4), 533–540.

van der Kolk, B. A. (1987). *Psychological Trauma*. Washington, DC: American Psychiatric.

van der Kolk, B. A. (1994). The body keeps the score. *Harvard Review of Psychiatry*, 1, 253–265.

van der Kolk, B. A. (1998, November). *Neurobiology, Attachment and Trauma*. Presentation at the annual meeting of the International Society for Traumatic Stress Studies, Washington, D. C.

van der Kolk, B. A., Brown, P., & van der Hart, O. (1989). Pierre Janet on post-traumatic stress. *Journal of Traumatic Stress*, 2(4), 365–377.

van der Kolk, B. A., McFarlane, A C., & Weisaeth, L. (1996). (eds.). *Traumatic Stress*. New York: Guilford.

Wahlberg, L., van der Kolk, B. A., Brett, E., & Marmar, C. R. (1996, November). *PTSD: Anxiety Ddisorder or Dissociative Disorder?* Symposium conducted at the annual meeting of the International Society for Traumatic Stress Studies, San Francisco.

Williams, L. M. (1995). Recovered memories of abuse in women with documented child sexual victimization histories. *Journal of Traumatic Stress*, 8(4), 649–673.

Wolpe, J. (1969). *The Practice of Behavior Therapy*. New York: Pergamon.

Yehuda, R., Southwick, S. M., Nussbaum, G., Wahby, V., Giller, E. L. Jr., & Mason, J. W. (1990). Low urinary cortisol excretion in patients with posttraumatic stress disorder. *Journal of Nervous and Mental Disease*, 178, 366–369.

Yehuda R., Kahana, B., Binder-Brynes, K., Southwick, S., Zemelman, S., Mason, J. W., & Giller, E. L., (1995). Low urinary cortisol excretion in Holocaust survivors with posttraumatic stress disorder. *American Journal of Psychiatry*, 152, 982–986.

Yehuda, R., Teicher, M. H., Levengood, R., Trestman, R., & Siever, L. J. (1996). Cortisol regulation in posttraumatic stress disorder and major depression: A chronobiological analysis. *Biological Psychiatry*, 40, 79–88.